园林工程预算实用技术手册

主　编　鲍丽华

参　编　孙　丹　郭爱云　刘彦林

　　　　刘　义　梁大伟　李志刚

　　　　邓　海　马立棉　杨晓方

　　　　徐树峰　孙兴雷

U0350235

金盾出版社

内容提要

本书以《建设工程工程量清单计价规范》(GB 50500—2013)、《园林绿化工程工程量计算规范》(GB50858—2013)、工程造价主管部门编制的最新建筑工程消耗量定额和企业定额以及地区价目表与市场价格为参考依据,以求实创新的理念编写而成。主要内容有园林工程预算基本知识,园林工程定额及其计价,园林工程工程量清单及其计价,园林绿化工程工程量计算及其计价,园林园路、园桥工程工程量计算及其计价,园林景观工程工程量计算及其计价等。

本书可供初入园林工程行业造价人员工作使用,也可供相关工程造价、工程管理、土木工程和财经类造价等培训人员参考。

图书在版编目(CIP)数据

园林工程预算实用技术手册/鲍丽华主编. —北京:金盾出版社,2016.4(2018.5 重印)
ISBN 978-7-5186-0752-5

Ⅰ.①园… Ⅱ.①鲍… Ⅲ.①园林—工程施工—建筑预算定额—技术手册 Ⅳ.①
TU986.3-62

中国版本图书馆 CIP 数据核字(2015)第 318823 号

金盾出版社出版、总发行
北京市太平路 5 号(地铁万寿路站往南)
邮政编码:100036 电话:68214039 83219215
传真:68276683 网址:www.jdcbs.cn
封面印刷:双峰印刷装订有限公司
正文印刷:双峰印刷装订有限公司
装订:双峰印刷装订有限公司
各地新华书店经销
开本:787×1092 1/16 印张:14.25 字数:344 千字
2018 年 5 月第 1 版第 2 次印刷
印数:3 001~6 000 册 定价:46.00 元

前　言

　　园林工程是一门艺术性、综合性很强的建设工程,它囊括了建筑、装饰、材料、给排水、电力电器、照明、气候、地质、植物生态以及环保等学科所包含的造园要素。每项园林工程具有涉及专业面广、特色不同、风格各异、工艺要求不尽相同的特点,而且项目零星,地点分散,工程量小,工作面大,花样繁多,形式各异,同时也受气候条件的影响。随着我国改革开放的不断深入,各级政府对改善生态环境,提高生活质量的问题日益重视,而园林工程能够有效地改善环境质量,它借助于景观环境、绿地构造、园林植物等多方面的因素,合理地改善城市的生态环境,为城市居民提供良好的生活环境,创造优越的游览、休息和活动平台,为城市旅游业的发展提供了十分有利的条件。所以,国家在园林绿化建设的投资逐渐增加,由此引起对园林工程项目的规范化管理和合理计价已成为园林行业普遍关注的问题。

　　为规范园林工程项目的市场管理,认真贯彻《中华人民共和国招标法》和《建设工程施工发包和承包计价管理办法》,提高建设工程招标计价管理水平,规范招标人和投标人的计价行为,从2004年始至今,全国的新建扩建建设工程招标投标计价管理、国有投资、国有资金控股的建设工程招投标计价活动包括园林工程都执行工程量清单计价方式。我国使用的工程量清单计价系统,已于2013年做了最新的修订。

　　为了适应我国工程造价管理改革和与国际惯例接轨及开拓国际工程承包业务的需要,帮助造价工作者更好地应用新的《园林工程工程量计算规则》(GB 50858—2013),我们特编写了本书。在编写过程中,梁燕、李仲杰、赵洁、汪硕、杨杰、马富强、黄羚、李朝红、白建方等为本书提供了资料及支持,在此一并表示感谢!

　　本书立足基本知识、基本技能的介绍,注重理论联系实际,在介绍基本知识的同时,分别将定额及工程量清单计算规则、计算方法、计算常用资料等详略得当地作了介绍。书中的分项工程量计算示例,选材典型精辟,阐述清晰实用。

　　书中列举了园林工程工程量清单计价综合实例,以帮助读者更加深刻地解读清单计价的计算方法,真切希望广大读者学有所用。

编　者

目　　录

第一章　园林工程预算基本知识

第一节　园林工程简介

一、园林工程建设的主要内容

根据园林工程兴建的程序,园林工程包括土方工程、给水及排水工程、水景工程、园路工程、假山工程、种植工程、园林供电工程等部分。而中国园林为突出中华民族的传统民族风俗,以自然山水园中的山、水、石为重点,山中包含假山工程,而土方工程、给水及排水工程及园林供电工程与其他工程类相似。

1. 栽植工程

植物是绿化的主体,又是园林造景的主要要素。植物造景是造园的主要手段。因此,园林植物栽植自然成为园林绿化的基本工程。由于园林植物的品种繁多,习性差异较大,多数栽植场地立地条件较差,为了保证其成活和生长,达到设计效果,栽植时必须遵守一定的操作规程,才能保证工程质量。栽植工程分为种植、养护管理两部分。种植属短期施工工程,养护管理属长期、周期性工程。栽植施工工程一般分为现场准备、定点放线、起苗、苗木运输、苗木假植、挖坑、栽植和养护等。

2. 园路工程

园路是贯穿全园的交通网络,又是联系组织各个景区和景点的自然纽带,又可形成独特的风景线,因而成为组成园林风景的造景要素,能为游人提供活动和休息场所。因而园路除了担负交通、导游、组织空间、划分景区功能外,还具有造景作用。园路包括道路、广场、游憩场所等,多用硬质材料铺装。

园路一般由路基、路面和道牙(附属工程)三部分组成,常见园路类型有:

①整体路面包括水泥混凝土路面、沥青混凝土路面。

②块料路面包括砖铺地、冰纹路、乱石路、条石路、预制水泥混凝土方砖路、步石与汀步、台阶与蹬道等。

③碎料道路包括花街铺地、卵石路、雕砖卵石路等。

3. 假山工程

假山是中国传统园林的重要组成部分,以独具中华民族文化的艺术魅力,而在各类园林中得到了广泛的应用。通常所说的假山,包括假山和置石两部分内容。

假山是以造景、游览为主要目的,以自然山水为蓝本,经过艺术概括、提炼、夸张,以自然山石为主要材料,人工再造的山景或山水景物的统称。假山的布局多种多样,体量大小不一,形式千姿百态。与置石相比假山具有体量大而集中,布局严谨,能充分利用空间,可观可游,令人有置身于自然山林之感。假山根据堆叠材料的不同分为石山、石山带土、土山带石三种类型。

置石是以具有一定观赏价值的自然山石,进行独立造景或作为配景布置,主要表现山石的个体美或局部组合美,而不具备完整山形的山石景物。比之假山置石体量较小,因而布置容易且灵活方便,置石多以观赏为主,而更多的是以满足一些特殊要求的某一具体功能方面的要求,而被广泛采用。置石依布置方式的不同可分为特置、对置、散置、群置等。

另外,还有近年流行的园林塑山,即采用石灰、砖、水泥等非石质材料经过人工塑造的假山。园林塑山又可分为塑山和塑石两类。园林塑山在岭南园林中发现较早,经过不断的发展与创新,已作为一种专门的假山工艺,不仅遍及广东,而且已在全国各地开花结果。园林塑山根据其骨架材料的不同,又可分为两种:砖骨架塑山和钢筋龙骨骨架塑山,砖骨架即以砖作为塑山的骨架,适用于大型塑山。钢筋龙骨骨架即以钢筋龙骨作为塑山的骨架,其优点是形式变幻多样,适用于小型塑山。随着科技的不断创新与发展,会有更多、更新的材料和技术工艺应用于假山工程中,而形成更加现代化的园林假山产品。

4. 水景工程

水是万物之源,水体在园林造景中有着极为重要的作用。水景工程指园林工程中与水景相关工程的总称。所涉及的内容有水体类型、各种水体布置、驳岸、护坡、喷泉、瀑布等。

水无常态,其形态依自然条件而定,而形状可圆可方、可曲可直、可动可静,与特定的环境有关。这就为水景工程提供了广阔的应用前景,常见的园林水体多种多样,根据水体的形式可将其分为自然式、规则式或混合式三种,又可按其所处状态将其分为静态水体、动态水体和混合水体三种。

(1)静态水体

湖池属静态水体。湖面宽阔平静,具平远开朗之感。有天然湖和人工湖之分。天然湖是大自然施于人类的天然园林佳品,可在大型园林工程中充分利用。人工湖是人工依地势就低挖凿而成的水域,沿岸因境设景,可自成天然图画。人工湖形式多样,可由设计者任意发挥,一般面积较小,岸线变化丰富且具有装饰性,水较浅,以观赏为主,现代园林中的流线型抽象式水池更为活泼、生动,富于想象。

(2)动态水体

①动态水体是水可流动性的充分利用,可以形成动态自然景观,补充园林中其他景观的静止、古板而形成流动变化的园林景观,给人以丰富的想象与思考,是现代园林艺术中常用的一种水体方式。常用的动态水体有溪涧、瀑布、跌水、喷泉等几种形式。溪涧是连续的带状动态水体。溪浅而阔,涧深而窄。平面上蜿蜒曲折,对比强烈,立面上有缓有陡,空间分隔又开合有序。整个带状游览空间层次分明,组合合理,富于节奏感。

②瀑布属动态水体,以落水景观为主。有天然瀑布和人工瀑布之分,人工瀑布是以天然瀑布为蓝本,通过工程手段而修建的落水景观。瀑布一般由背景、上游水源、落水口、瀑身、承水潭和溪流五部分构成,瀑身是观赏的主体。

③跌水是指水流从高向低呈台阶状逐级跌落的动态水景。既是防止流水冲刷下游的重要工程设施,又是形成连续落水景观的手段。

④喷泉又称喷水,是由一定的压力使水喷出后形成各种喷水姿态,以形成升落结合的动水景观,即可观赏又能起装饰点缀园景的作用。喷泉有天然喷泉和人工喷泉之分。人工喷泉设计主体各异,喷头类型多样,水型丰富多彩。随着电子工业的发展,新技术新材料的广泛应用,喷泉已成为集喷水、音乐、灯光于一体的综合性水景之一,在城镇、单位、甚至私家园林工程中被广泛应用。

园林中的各种水体需要有稳定、美观的岸线,因而在水体的边缘多修筑驳岸或进行护坡处理。驳岸是一面临水的挡土墙,是支持陆地和防止岸壁坍塌的人工构筑物。按照驳岸的造型形式可分为规则式、自然式和混合式三种。护坡是保护坡面防止雨水径流冲刷及风浪拍击的一种水工措施。目前常见的有草皮护坡、灌木(含花木)护坡、铺石护坡。

二、概预算中园林工程的分类

如果按园林工程概预算定额的方法划分将园林工程划分为三类工程:单项园林工程、单位园林工程和分部园林工程。

1)单项园林工程是根据园林工程建设的内容来划分的,主要定为三类:园林建筑工程、园林构筑工程和园林绿化工程。

①园林建筑工程可分为亭、廊、榭、花架等建筑工程。

②园林构筑工程可分为筑山、水体、道路、小品、花池等工程。

③园林绿化工程可分为道路绿化、行道树移植、庭园绿化、绿化养护等工程。

2)单位园林工程是在单项园林工程的基础上将园林的个体要素划归为相应的单位园林工程。

3)分部园林工程通过工程技术要素划分为土方工程、基础工程、砌筑工程、混凝土工程、装饰上程、栽植工程、绿化养护工程等。

三、园林工程的基本特点

园林工程实际上包含了 定的工程技术和艺术创造,是地形地物、石木花草、建筑小品、道路铺装等造园要素在特定地域内的艺术体现。因此,园林工程与其他工程相比具有其鲜明的特点。

(1)园林工程的艺术性

园林工程是一种综合景观工程,它虽然需要强大的技术支持,但又不同于一般的技术工程,而是一门艺术工程,涉及建筑艺术、雕塑艺术、造型艺术、语言艺术等多门艺术。

(2)园林工程的技术性

园林工程是 一门技术性很强的综合性工程,它涉及土建施工技术、园路铺装技术、苗木种植技术、假山叠造技术及装饰装修、油漆彩绘等诸多技术。

(3)园林工程的综合性

园林作为一门综合艺术,在进行园林产品的创作时,所要求的技术无疑是复杂的。随着园林工程日趋大型化,协同作业、多方配合的特点日益突出;同时,随着新材料、新技术、新工艺、新方法的广泛应用,园林各要素的施工更注重技术的综合性。

(4)园林工程的时空性

园林实际上是一种五维艺术,除了其空间特性,还有时间性以及造园人的思想情感。园林工程在不同的地域,空间性的表现形式迥异。园林工程的时间性,则主要体现于植物景观上,即常说的生物性。

(5)园林工程的安全性

"安全第一,景观第二"是园林创作的基本原则。对园林景观建设中的景石假山、水景驳岸、供电防火、设备安装、大树移植、建筑结构、索道滑道等均需格外注意。

(6)园林工程的后续性

园林工程的后续性主要表现在两个方面:一是园林工程各施工要素有着极强的工序性;

二是园林作品不是一朝一夕就可以完全体现景观设计最终理念的,必须经过较长时间才能显示其设计效果,因此,项目施工结束并不等于作品已经完成。

（7）园林工程的体验性

提出园林工程的体验特点是时代要求,是欣赏主体——人的心理美感的要求,是现代园林工程以人为本最直接的体现。人的体验是一种特有的心理活动,实质上是将人融于园林作品之中,通过自身的体验得到全面的心理感受。园林工程正是给人们提供这种心理感受的场所,这种审美追求对园林工作者提出了很高的要求,即要求园林工程中的各个要素都做到完美无缺。

（8）园林工程的生态性与可持续性

园林工程与景观生态环境密切相关。如果项目能按照生态环境学理论和要求进行设计和施工,保证建成后各种设计要素对环境不造成破坏,能反映一定的生态景观,体现出可持续发展的理念,就是比较好的项目。

（9）生命性特征

在园林工程中的绿化工程,所实施的对象大部分都是具有生命的活体。通过各种树木、彩叶地被植物、花卉、草皮的栽植与配置,利用各种苗木的特殊功能,来净化空气、吸尘降温、隔音杀菌、营造观光休闲与美化环境空间。植物是园林最基本的要素,特别是在现代园林中植物所占比重越来越大,植物造景已成为造园的主要手段。为了保证园林植物的成活和生长,达到预期设计效果,栽植施工时就必须遵守一定的操作规程,养护中必须符合其生态要求,并要采取有力的管护措施。

（10）时代性特征

园林工程是随着社会生产力的发展而发展的,在不同的社会时代条件下,总会形成与其时代相适应的园林工程产品,因而,园林工程产品必然带有时代性特征。当今时代,随着人民生活水平的提高和人们对环境质量要求的不断提高,对城市的园林建设要求亦多样化,工程的规模和内容也越来越大,新技术、新材料、新科技、新时尚已深入到园林工程的各个领域,如以光、电、机、声为一体的大型音乐喷泉、新型的铺装材料、无土栽培、组织培养、液力喷植技术等新型施工方法的应用,形成了现代园林工程的又一显著特点。

（11）生物、工程、艺术的高度统一性特征

园林工程要求将园林生物、园林艺术与市政工程融为一体,以植物为主线,以艺术,以工程为陪衬,并要求工程结构的功能和园林环境相协调,在艺术性的要求下实现三者的高度统一。同时,园林工程建设的过程又具有实践性强的特点,要想变理想为现实、化平面为立体,建设者必须既要掌握工程的基本原理和技能,又要使工程园林化、艺术化。

第二节　园林工程预算费用组成及相应计算

园林建设工程费用是指直接发生在园林工程施工生产过程中的费用,施工企业在组织管理施工生产经营活动中间接地为工程支出的费用,以及按国家规定收取的利润和缴纳的税金等的总称。

一、直接费

直接费是指施工中直接用于某工程上的各项费用总和,由直接工程费和措施费组成。

直接费计算公式：

$$直接费＝\sum(预算定额基价×项目工程量)＋其他直接费$$

$$或直接费＝\sum(预算定额基价×项目工程量)×(1＋其他直接费费率)$$

1. 直接工程费

是指在施工过程中耗费的构成工程实体的各项费用，包括人工费、材料费、施工机械使用费。

（1）人工费

人工费是指直接从事工程施工的生产工人开支的各项费用。

①基本工资是指发给生产工人的基本工资。

②工资性补贴是指按规定标准发放的物价补贴、煤电补贴、肉价补贴、副食补贴、粮油补贴、自来水补贴、粮价补贴、电价补贴、燃料补贴、燃气补贴、市内交通补贴、住房补贴、集中供暖补贴、寒区补贴、地区津贴、林区津贴和流动施工津贴等。

③辅助工资是指生产工人年有效施工天数以外非作业天数的工资，包括职工学习、培训期间的工资，调动工作、探亲、休假期间的工资，因气候影响的停工工资，女工哺乳时间的工资，病假在六个月以内的工资及产、婚、丧假期的工资。

④职工福利费是指按规定标准计提的职工福利费用。

⑤生产工人劳动保护费是指按标准发放的劳动防护用品的购置费及修理费、徒工服装补贴、防暑降温措施费用。

人工费的计算，可用下式表示：

$$人工费＝\sum(预算定额基价人工费＋项目工程量)$$

（2）材料费

材料费是指在施工过程中耗费的构成工程实体的原材料、辅助材料、构配件、零件、半成品的费用，内容包括以下各项费用。

①材料原价（或供应价格）。

②材料运杂费是指材料自来源地运至工地仓库或指定堆放地点所发生的全部费用。

③运输损耗费是指材料在运输装卸过程中不可避免的损耗。

④采购及保管费是指为组织采购、供应和保管材料过程中所需要的各项费用，包括采购费、仓储费、工地保管费、仓储损耗。

⑤检验试验费是指对建筑材料、构件和建筑安装物进行一般鉴定、检查所发生的费用，包括自设试验室进行试验所耗用的材料和化学药品等费用。不包括新结构、新材料的试验费和建设单位对具有出厂合格证明的材料进行检验，对构件做破坏性试验及其他特殊要求检验试验的费用。

材料费的计算可用下式表示：

$$材料费＝\sum(预算定额基价材料费＋项目工程量)$$

（3）施工机械使用费

施工机械使用费是指施工机械作业所发生的机械使用费以及机械安拆费和场外运费。

施工机械台班单价应由下列七项费用组成。

①折旧费指施工机械在规定的使用年限内，陆续收回其原值及购置资金的时间价值。

②大修理费指施工机械按规定的大修理间隔台班进行必要的大修理，以恢复其止常功

能所需的费用。

③经常修理费指施工机械除大修理以外的各级保养和临时故障排除所需的费用,包括为保障机械正常运转所需替换设备与随机配备工具、附件的摊销和维护费用,机械运转中日常保养所需润滑与擦拭的材料费用及机械停滞期间的维护和保养费用等。

④安拆费及场外运费。安拆费指施工机械在现场进行安装与拆卸所需的人工、材料、机械和试运转费用以及机械辅助设施的折旧、搭设、拆除等费用;场外运费指施工机械整体或分体自停放地点运至施工现场或由一施工地点运至另一施工地点的运输、装卸、辅助材料及架线等费用。

⑤人工费指机上司机(司炉)和其他操作人员的工作日人工费及上述人员在施工机械规定的年工作台班以外的人工费。

⑥燃料动力费指施工机械在运转作业中所消耗的固体燃料(煤、木柴)、液体燃料(汽油、柴油)及水、电等。

⑦养路费及车船使用税指施工机械按照国家规定和有关部门规定应缴纳的养路费、车船使用税、保险费及年检费等。

市场经济条件下,部分原材料实际价格与预算价格不符,因此,在确定单位工程造价时,必须进行差价调整。

材料差价是指材料的预算价格与实际价格的差额。材料差价一般采用国拨材料差价和地方材料差价两种方法计算。

国拨材料差价的计算:

国拨材料(如钢材、木材、水泥等)差价的计算是用实际购入单价减去预算单价再乘以材料数量即为某材料的差价。将各种材料差价汇总,即为该工程的材料差价,列入工程造价。

国拨材料差价的计算,可用下式表示:

$$某种材料差价=(实际购入单价-预算定额材料单价)\times材料数量$$

地方材料差价的计算:

为了计算方便,地方材料差价的计算一般采用调价系数进行调整(调价系数由各地自行测定)。其计算方法可用下式表示:

$$差价=定额直接费\times调价系数$$

施工机械使用费的计算,可用下式表示:

$$施工机械使用费=\sum(预算定额基价机械费\times项目工程量)+施工机械出场费$$

2. 措施费

措施费是指为完成工程项目施工,发生于该工程施工前和施工过程中非工程实体项目的费用。内容包括以下各项费用。

①环境保护费是指施工现场为达到环保部门要求所需要的各项费用。

②文明施工费是指施工现场文明施工所需要的各项费用。

③安全施工费是指施工现场安全施工所需要的各项费用。

④临时设施费是指施工企业为进行建筑工程施工所必须搭设的生活和生产用的临时建筑物、构筑物和其他临时设施费用等。

临时设施包括临时宿舍、文化福利及公用事业房屋与构筑物,仓库、办公室、加工厂以及规定范围内道路、水、电、管线等临时设施和小型临时设施。

临时设施费用包括临时设施的搭设、维修、拆除费或摊销费。

⑤夜间施工费是指因夜间施工所发生的夜班补助费、夜间施工降效、夜间施工照明设备摊销及照明用电等费用。

⑥二次搬运费是指因施工场地狭小等特殊情况而发生的二次搬运费用。

⑦大型机械设备进出场及安拆费是指机械整体或分体自停放场地运至施工现场或由一个施工地点运至另一个施工地点，所发生的机械进出场运输及转移费用及机械在施工现场进行安装、拆卸所需的人工费、材料费、机械费、试运转费和安装所需的辅助设施的费用。

⑧混凝土、钢筋混凝土模板及支架费是指混凝土施工过程中需要的各种钢模板、木模板、支架等的支、拆、运输费用及模板、支架的摊销（或租赁）费用。

⑨脚手架费是指施工需要的各种脚手架搭、拆、运输费用及脚手架的摊销（或租赁）费用。

⑩已完工程及设备保护费是指竣工验收前，对已完工程及设备进行保护所需费用。

⑪施工排水、降水费是指为确保工程在正常条件下施工，采取各种排水、降水措施所发生的各种费用。

3. 其他直接费

其他直接费是指在施工过程中发生的具有直接费性质但未包括在预算定额之内的费用。其计算公式如下：

$$其他直接费＝（人工费＋材料费＋机械使用费）×其他直接费费率$$

二、间接费

由规费、企业管理费两部分组成。

1. 规费

规费是指政府和有关权力部门规定必须缴纳的，应计入建筑安装工程造价的费用。内容包括以下各项费用。

①养老保险费是指企业按规定标准为职工缴纳的基本养老保险费。

②医疗保险费指企业按规定标准为职工缴纳的基本医疗保险费。

③失业保险费是指企业按规定标准为职工缴纳的失业保险费。

④工伤保险费是指企业按规定标准为职工缴纳的工伤保险费。

⑤生育保险费是指企业按规定标准为职工缴纳的生育保险费。

⑥住房公积金是指企业按规定标准为职工缴纳的住房公积金。

⑦危险作业意外伤害保险费是指按照《建筑法》规定，企业为从事危险作业的建筑安装施工人员支付的意外伤害保险费。

⑧工程排污费是指企业按规定标准缴纳的工程排污费。

2. 企业管理费

企业管理费是指园林建设企业组织施工生产和经营管理所需费用。内容包括以下各项费用。

①管理人员工资是指管理人员的基本工资、工资性补贴、职工福利费、劳动保护费等。

②办公费是指企业管理办公用的文具、纸张、账表、印刷、邮电、书报、会议、水电、烧水和集体取暖（包括现场临时宿舍取暖）用煤等费用。

③差旅交通费是指职工因公出差、调动工作的差旅费，住勤补助费，市内交通费和误餐补助费，职工探亲路费，劳动力招募费，职工离退休、退职一次性路费，工伤人员就医路费，工

地转移费以及管理部门使用的交通工具的油料、燃料、养路费及牌照费。

④固定资产使用费是指管理和试验部门及附属生产单位使用的属于固定资产的房屋、设备仪器等的折旧、大修、维修或租赁费。

⑤工具用具使用费是指管理使用的不属于固定资产的生产工具、器具、家具、交通工具和检验、试验、测绘、消防用具等的购置、维修和摊销费。

⑥劳动保险费是指由企业支付离退休职工的易地安家补助费、职工退职金、六个月以上的病假人员工资、职工死亡丧葬补助费、抚恤费、按规定支付给离休干部的各项经费。

⑦工会经费是指企业按职工工资总额计提的工会经费。

⑧职工教育经费是指企业为职工学习先进技术和提高文化水平,按职工工资总额计提的费用。

⑨财产保险费是指施工管理用财产、车辆保险。

⑩财务费是指企业为筹集资金而发生的各种费用。

⑪税金是指企业按规定缴纳的房产税、车船使用税、土地使用税及印花税等。

⑫其他包括技术转让费、技术开发费、业务招待费、绿化费、广告费、公证费、法律顾问费、审计费及咨询费等。

施工管理费与其他间接费的计算,是用直接费分别乘以规定的相应费率。其计算可用下式表示:

$$施工管理费 = 直接费 \times 施工管理费费率$$
$$其他间接费 = 直接费 \times 其他间接费费率$$

由于各地区的气候、社会经济条件和企业的管理水平等的差异,导致各地区各项间接费费率不一致,因此,在计算时,必须按照当地主管部门制定的标准执行。

三、利润

利润是指施工企业完成所承包工程获得的盈利。

园林工程差别利润是指按规定的应计入园林工程造价的利润,依据工程类别实行差别利润率。其计算可用下式表示:

$$差别利润 = (直接工程费 + 间接费 + 贷款利息) \times 差别利润率$$

四、税金

税金是指国家税法规定的应计入建设工程造价内的营业税、城市维护建设税及教育费附加税等。

根据国家现行规定,税金是由营业税税率、城市维护建设税税率、教育费附加三部分构成。

应纳税额按直接工程费、间接费、差别利润及差价四项之和为基数计算。根据有关税法计算税金的公式如下:

$$应纳税额 = 不含税工程造价 \times 税率$$

含税工程造价的公式如下:

$$含税工程造价 = 不含税工程造价 \times (1 + 税率)$$

税金列入工程总造价,由建设单位负担。

五、其他费用

①人工费价差是指在施工合同中约定或施工实施期间省建设行政主管部门发布的人工

单价与本《费用定额》规定标准的差价。

②材料费价差是指在施工实施期间材料实际价格（或信息价格、价差数）与省计价定额中材料价格的差价。

③机械费价差是指在施工实施期间省建设行政主管部门发布的机械费价格与省计价定额中机械费价格的差价。

④暂列金额是指发包人暂定并包括在合同价款中的一笔款项，用于施工合同签订时尚未确定或者不可预见的所需材料、设备、服务的采购，施工中可能发生的工程变更、合同约定调整因素出现时的工程价款调整以及发生的索赔、现场签证确认等的费用。

⑤暂估价是指发包人提供的用于支付必然发生但暂时不能确定价格的材料单价以及专业工程的金额。

⑥计日工是指承包人在施工过程中，完成发包人提出的施工图纸以外的零星项目或工作所需的费用。

⑦总承包服务费是指总承包人为配合协调发包人进行的工程分包、自行采购的设备、材料等进行管理、服务（如分包人使用总包人的脚手架、垂直运输、临时设施、水电接驳等）以及施工现场管理、竣工资料汇总整理等服务所需的费用。

第三节　园林工程预算的编制

一、园林工程概预算的概念

园林工程概预算是指在工程建设过程中，根据不同设计阶段的设计文件的具体内容和有关定额、指标及取费标准，预先计算和确定建设项目的全部工程费用的技术经济文件。

二、园林工程概预算的意义

根据设计文件的要求和园林产品的特点，对园林工程事先从经济上加以计算，以便获得合理的工程造价，保证工程质量。

三、园林工程概预算的作用

①园林工程概预算是确定园林建设工程造价的依据。

②园林工程概预算是建设单位与施工单位进行工程投标的依据，也是双方签订施工合同、办理工程竣工结算的依据。

③园林工程概预算是投资方拨付工程款或贷款的依据。

④园林工程概预算是施工企业组织生产、编制计划、统计工作量和实物量指标的依据。

⑤园林工程概预算是施工企业考核工程成本的依据。

⑥园林工程概预算是设计单位对设计方案进行技术经济分析比较的依据。

四、编制园林工程预算的基本程序

熟悉并掌握预算定额的使用范围、具体内容、工程量计算规则和计算方法，应取费用项目、费用标准和计算公示；熟悉施工图及其文字说明；参加技术交底，解决施工图中的疑难问题；了解施工方案中的有关内容；确定并准备有关预算定额；确定分部工程项目；列出工程细目；计算工程量；套用预算定额；编制补充单价；计算合计和小计；进行工、料分析；计算应取费用；复核、计算单位工程总造价及单位造价；填写编制说明书并装订签章。

1. 搜集各种编制依据资料

编制预算之前,要搜集齐下列资料:施工图设计图纸、施工组织设计、预算定额、施工管理费和各项取费定额、材料预算价格表、地方预决算资料、预算调价文件和地方有关技术经济资料等。

2. 熟悉施工图纸和施工说明书,参加技术交底,解决疑难问题

设计图纸和施工说明是编制工程预算的重要基础资料。它为选择套用定额子目、取定尺寸和计算各项工程量提供重要的依据,因此,在编制预算之前,必须对设计图纸和施工说明书进行全面细致的熟悉和审查,并参加技术交底,共同解决施工图纸和施工图中的疑难问题,从而掌握及了解设计意图和工程全貌,以免在选用定额子目和工程量计算上发生错误。

3. 熟悉施工组织设计和了解现场情况

施工组织设计是由施工单位根据工程特点、施工现场的实际情况等各种有关条件编制的,它是编制预算的依据。所以,必须完全熟悉施工组织设计的全部内容,并深入现场了解现场实际情况是否与设计一致才能准确编制预算。

4. 学习并掌握好工程预算定额及其有关规定

为了提高工程预算的编制水平,正确地运用预算定额及其有关规定,必须熟悉现行预算定额的全部内容,了解和掌握定额子目的工程内容、施工方法、材料规格、质量要求、计量单位、工程量计算规则等,以便能熟练地查找和正确地应用。

5. 确定工程项目、计算工程量

工程项目的划分及工程量计算,必须根据设计图纸和施工说明书提供的工程构造、设计尺寸和做法要求,结合施工现场的施工条件,按照预算定额的项目划分,工程量的计算规则和计算单位的规定,对每个分项工程的工程量进行具体计算。它是工程预算编制工作中最繁重、细致的重要环节,工程量计算的正确与否直接影响预算的编制质量和速度。

(1)确定工程项目

在熟悉施工图纸及施工组织设计的基础上要严格按定额的项目确定工程项目,为了防止丢项、漏项的现象发生,在编排项目时应首先将工程分为若干分部工程。如基础工程、主体工程、门窗工程、园林建筑小品工程、水景工程、绿化工程等。

(2)计算工程量

正确地计算工程量,对基本建设计划,统计施工作业计划工作,合理安排施工进度,组织劳动力和物资的供应都是不可缺少的,同时也是进行基本建设财务管理与会计核算的重要依据,所以工程量计算不单纯是技术计算工作,它对工程建设效益分析具有重要作用。

在计算工程量时应注意以下几点。

①在根据施工图纸和预算定额确定工程项目的基础上,必须严格按照定额规定和工程量计算规则,以施工图所注位置与尺寸为依据进行计算,不能人为地加大或缩小构件尺寸。

②计算单位必须与定额中的计算单位一致,才能准确地套用预算定额中的预算单价。

③取定的建筑尺寸和苗木规格要准确,而且要便于核对。

④计算底稿要整齐,数字清楚,数值要准确,切忌草率零乱,辨认不清。对数字精确度的要求,工程量算至小数点后两位,钢材、木材及使用贵重材料的项目可算至小数点后三位,余数四舍五入。

⑤要按照一定的计算顺序计算,为了便于计算和审核工程量,防止遗漏或重复计算,计算工程量时除了按照定额项目的顺序进行计算外,也可以采用先外后内或先横后竖等不同的计算顺序。

⑥利用基数,连续计算。有些"线"和"面"是计算许多分项工程的基数,在整个工程量计算中要反复多次地进行运算,在运算中找出共性因素,再根据预算定额分项工程量的有关规定,找出计算过程中各分项工程量的内在联系,就可以把繁琐工程进行简化,从而迅速准确地完成大量计算工作。

6. 编制工程预算书

(1)确定单位预算价值

填写预算单位时要严格按照预算定额中的子目及有关规定进行,使用单价要正确,每一分项工程的定额编号,工程项目名称、规格、计量单位、单价均应与定额要求相符,要防止错套,以免影响预算的质量。

(2)计算工程直接费

单位工程直接费是各个分部分项工程直接费的总和,分项工程直接费则是用分项工程量乘以预算定额工程预算单价而求得的。

(3)计算其他各项费用

单位工程直接费计算完毕,即可计算其他直接费、间接费、计划利润、税金等费用。

(4)计算工程预算总造价

汇总工程直接费、其他直接费、间接费、计划利润、税金等费用,最后即可求得工程预算总造价。

(5)校核

工程预算编制完毕后,应由相关人员对预算的各项内容进行逐项全面核对,消除差错,保证工程预算的准确性。

(6)编写编制说明

编写"工程预算书的编制说明",填写工程预算书的封面,装订成册。编制说明一般包括以下内容。

①工程概况通常要写明工程编号、工程名称、建设规模等。

②编制依据编制预算时所采用的图纸名称、标准图集、材料做法以及设计变更文件;采用的预算定额、材料预算价格及各种费用定额等资料。

③其他有关说明是指在预算表中无法表示且需要用文字做补充说明的内容。

工程预算书封面通常需填写的内容有:工程编号、工程名称、建设单位名称、施工单位名称、建设规模、工程预算造价、编制单位及日期等。

7. 工料分析

工料分析是在编写预算时,根据分部、分项工程项目的数量和相应定额中的项目所列的用工及用料的数量,算出各工程项目所需的人工及用料数量,然后进行统计汇总,计算出整个工程的工料所需数量。

8. 复核、签章及审批

工程预算编制出来以后,由本企业的有关人员对所编制预算的主要内容及计算情况进行一次全面的核查核对,以便及时发现可能出现的差错并及时进行纠正,提高工程预算的准确性,审核无误后并按规定上报,经上级机关批准后再送交建设单位和建设银行进行审批。

五、园林工程预算书(定额计价投标报价编制表)的组成

一套完整的园林工程预算的编制包括封面、编写说明、工程项目投标报价汇总表、单项工程投标报价汇总表、单位工程投标报价汇总表、分部分项工程投标报价表、定额措施项目投标报价表、通用措施项目报价表、其他项目报价表、暂列金额明细表、材料暂估单价明细表、专业工程暂估价明细表、总承包服务费报价明细表、安全文明施工费报价表、规费和税金报价表、主要材料价格报价表、主要材料用量统计表等内容。

1. 封面

园林工程预算封面主要包括工程名称、工程造价(大写、小写)、招标人、咨询人、编制人、复核人、编制时间、复核时间等(表1-1)。

表 1-1　封面格式表

_____工程
工程造价
招　标　人:_____　　　　　咨　询　人:_____
(单位盖章)　　　　　　　　　　(单位资质专用章)
法定代表人　　　　　　　　　法定代表人
或其授权人:_____　　　　或其授权人:_____
(签字或盖章)　　　　　　　　　(签字或盖章)
编　制　人:_____　　　　　复　核　人:_____
编制时间:　　年　月　日　　　复核时间:　　年　月　日

2. 编制说明

编制说明主要包括工程概况、编制依据、采用定额、工程类别(表1-2)。

①工程概况应说明本工程的工程性质、工程编号、工程名称、建设规模等工程内容,包括的工程内容有绿化工程、园路工程、花架工程等。

②编制依据 主要说明本工程施工图预算编制依据的施工图样、标准图集、材料做法以及设计变更文件。

③采用定额主要说明本工程施工图预算采用的定额。

④企业取费类别 主要说明企业取费类别和工程承包的类型。

表 1-2　编制说明

总说明

工程名称:　　　　　　　　　　　　　　　　　　　　　　　第　页共　页

1. 工程概况
2. 编制依据
3. 采用定额
4. 工程类别

3. 工程项目投标报价汇总表

将各分项工程的工程费用分别填入工程汇总表中(表1-3)。

表 1-3 工程项目投标报价汇总表

工程名称: 第 页共 页

序号	单项工程名称	金额(元)	其中		
			暂估价(元)	安全文明施工费(元)	规费(元)
	合计				

4. 单项工程投标报价汇总表

单项工程投标报价汇总表见表1-4。

表 1-4 单项工程投标报价汇总表

工程名称: 第 页共 页

序号	单位工程名称	金额(元)	其中		
			暂估价(元)	安全文明施工费(元)	规费(元)
	合计				

5. 单位工程投标报价汇总表

单位工程投标报价汇总表见表1-5。

表 1-5 单位工程投标报价汇总表

工程名称: 第 页共 页

序号	汇总内容	金额	其中:暂估价
1	分部分项工程		
1.1			
(A)	其中:计费人工费		
1.2			
2	措施费		
2.1	定额措施费		
(B)	其中:计费人工费		
2.2	通用措施费		
3	企业管理费		
4	利润		
5	其他费用		

续表 1-5

序号	汇总内容	金额	其中:暂估价
5.1	暂列金额		
5.2	专业工程暂估价		
5.3	计日工		
5.4	总承包服务费		
6	安全文明施工费		
6.1	环境保护等五项费用		
6.2	脚手架费		
7	规费		
8	税金		
	合计		

6. 分部分项工程投标报价表

分部分项工程投标报价表见表 1-6。

表 1-6　分部分项工程投标报价表

工程名称：　　　　　　　　　　　　　　　　　　　　　第　页共　页

序号	定额编号	分部分项工程名称	工程量		价值		其中					
							人工费		材料费		机械费	
			单位	数量	定额基价	总价	单价	金额	单价	金额	单价	金额
1												
2												
3												
	本页小计											
	合计											

7. 定额措施项目投标报价表

定额措施项目投标报价表见表 1-7。

表 1-7　定额措施项目投标报价表

工程名称：　　　　　　　　　　　　　　　　　　　　　第　页共　页

序号	定额编号	分部分项工程名称	工程量		价值		其中					
							人工费		材料费		机械费	
			单位	数量	定额基价	总价	单价	金额	单价	金额	单价	金额
1												
2												
3												
	本页小计											
	合计											

8. 通用措施项目报价表

通用措施项目报价表见表 1-8。

表 1-8　通用措施项目报价表

工程名称：　　　　　　　　　　　　　　　　　　　　　　　第　页共　页

序号	项目名称	计费基础	市政费率(%)	园林绿化	金额
1	夜间施工费	(A)+(B)	0.11	0.08	
2	二次搬运费	(A)+(B)	0.14	0.08	
3	已完工程及设备保护费	(A)+(B)	0.11	0.11	
4	工程定位、复测、交点、清理费	(A)+(B)	0.14	0.11	
5	生产工具用具使用费	(A)+(B)	0.14	0.14	
6	雨季施工费	(A)+(B)	0.14	0.11	
7	冬季施工费	(A)+(B)	0.68	1.34	
8	检验试验费	(A)+(B)	2.00	1.14	
9	室内空气污染测试费	根据实际情况确定	按实际发生计算		
10	地上、地下设施，建筑物的临时保护设施费	根据实际情况确定	按实际发生计算		
合计					

注：A：计费人工费 53 元/工日；B：定额措施费中计费人工费。

9. 其他项目报价表

其他项目报价表见表 1-9。

表 1-9　其他项目报价表

工程名称：　　　　　　　　　　　　　　　　　　　　　　　第　页共　页

序号	项目名称	计量单位	金额	备注
1	暂列金额			
2	暂估价			
2.1	材料暂估价			
2.2	专业工程暂估价			
3	总承包服务费			
	合计			

10. 暂列金额明细表

暂列金额明细表见表 1-10。

表 1-10　暂列金额明细表

工程名称：　　　　　　　　　　　　　　　　　　　　　　　第　页共　页

序　号	项目名称	计量单位	暂定金额	备　注
1				
2				
3				
合　计				

11. 材料暂估单价明细表

材料暂估单价明细表见表 1-11。

表 1-11　材料暂估单价明细表

工程名称：　　　　　　　　　　　　　　　　　　　　　　　第　页　共　页

序　号	材料名称、规格、型号	计量单位	单价(元)	备　注
1				
2				
3				

12. 专业工程暂估价明细表

专业工程暂估价明细表见表 1-12。

表 1-12　专业工程暂估价明细表

工程名称：　　　　　　　　　　　　　　　　　　　　　　　第　页　共　页

序　号	工程名称	工程内容	金额(元)	备　注
1				
2				
3				
合计				

13. 总承包服务费报价明细表

总承包服务费报价明细表见表 1-13。

表 1-13　总承包服务费报价明细表

工程名称：　　　　　　　　　　　　　　　　　　　　　　　第　页　共　页

序号	项目名称	项目价值	计费基础	服务内容	费率(%)	金额(元)
1	发包人供应材料		供应材料费用			
2	发包人采购设备		设备安装费用			
3	发包人发包专业工程		专业工程费用			
	合计					

14. 安全文明施工费报价表

安全文明施工费报价表见表 1-14。

表 1-14　安全文明施工费报价表

工程名称：　　　　　　　　　　　　　　　　　　　　　　　第　页　共　页

序号	项目名称	计价基础	金额(元)
1	环境保护等五项费用		
2	脚手架费		
	合计		

15. 规费、税金报价表

规费、税金报价表见表 1-15。

表 1-15 规费、税金报价表

工程名称： 第 页共 页

序号	项目名称	计算基础	费率(%)	金额(元)
1	规费			
1.1	养老保险费		2.86	
1.2	医疗保险费		0.45	
1.3	失业保险费		0.15	
1.4	工伤保险费	分部分项工程费+措施费+企业管理费+利润+其他费用	0.17	
1.5	生育保险费		0.09	
1.6	住房公积金		0.48	
1.7	危险作业意外伤害保险		0.09	
1.8	工程排污费		0.05	
小计				
2	税金	分部分项工程费+措施费+企业管理费+利润+其他费用+安全文明施工费+规费	市区3.41(哈市3.44)	
合　　计				

16. 主要材料价格报价表

主要材料价格报价表见表 1-16。

表 1-16 主要材料价格报价表

工程名称： 第 页共 页

序号	材料编码	材料名称	规格、型号等特殊要求	单位	单价(元)
1					
2					
3					

17. 主要材料用量统计表

主要材料用量统计表见表 1-17。

表 1-17 主要材料用量统计表

工程名称： 第 页共 页

序号	材料编码	材料名称	规格、型号等特殊要求	单位	数量	单价(元)	合计	备注
								供货商地址
								联系电话

六、园林工程工程量计算的注意事项

预算人员应在熟悉图样、预算定额和工程量计算规则的基础上,根据施工图上的尺寸、数量,准确地计算出各项工程的工程量,并填写工程量计算表格。为了保证工程量计算的准确,通常要遵循以下原则。

1. 计算口径要一致,避免重复和遗漏

计算工程量时,根据施工图列出分项工程的口径(指分项工程包括的工作内容和范围),必须与预算定额中相应分项工程的口径一致。例如栽植绿篱,预算定额中已包括了开绿篱沟项目,则计算该项工程量时,不应另列开绿篱沟项目,造成重复计算。

2. 工程量计算规则要一致,避免错算

工程量计算必须与预算定额中规定的工程量计算规则(或工程量计算方法)相一致,保证计算结果准确。

3. 计量单位要一致

各分项工程量的计量单位,必须与预算定额中相应项目的计量单位一致。例如预算定额中,栽植绿篱分项工程的计量单位是延长米,而不是株数,则工程量单位也是延长米。

4. 按顺序进行计算

计算工程量时要按着一定的顺序(工序)逐一进行计算,既可以避免漏项和重算,又方便将来套定额。

5. 计算精度要统一

为了计算方便,工程量的计算结果统一要求为:除钢材(以吨为单位)、木材(以立方米为单位)取三位小数外,其余项目一般取两位小数。

第二章 园林工程定额及其计价

第一节 园林工程预算定额

一、工程预算定额的概念

预算定额是指在正常施工条件下,完成一定计量单位的合格的分项工程或结构构件所需的活劳动与物化劳动的数量标准。预算定额是由国家主管机关或被授权单位组织编制并颁发的一种法令性指标。编制预算定额的目的在于确定工程中每一个单位分项工程的预算基价,其活劳动与物化劳动的消耗指标体现了社会平均先进水平。预算定额是一种综合性定额,既考虑了施工定额中未包含的多种因素,又包括完成该分项工程或结构构件的全部工序的内容。

二、预算定额的内容

预算定额手册由文字说明、定额项目表和附录三部分内容所组成(图 2-1)。

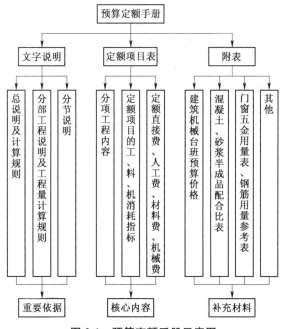

图 2-1 预算定额手册示意图

1. 文字说明

(1)总说明

在总说明中,主要阐述了定额的编制原则、指导思想、编制依据、适用范围,同时说明了编制定额时已经考虑和没有考虑的因素、使用方法及有关规定等。因此,使用定额前应首先了解和掌握总说明。

（2）分部分项工程说明

分部工程说明在预算定额手册中称为"章"，是将单位工程中结构性质相近、材料相同的施工对象结合在一起。如某省现行定额建筑工程预算定额分为 20 个分部工程（章），即土石方工程、桩基础工程、砖石工程、脚手架工程、混凝土及钢筋混凝土工程等。分部工程说明主要阐述了分部工程定额所包括的主要的分项工程及使用定额的一些基本规定，并阐述该分部工程中各分项工程的工程量计算规则和方法等。

（3）分节说明

分节说明主要阐述定额项目包括的主要工序。如某省现行预算定额栽植乔木（带土球）的工程内容包括：挖坑、栽植（落坑、扶正、回土、捣实、筑水围）、浇水、覆土、保墒、整形、清理等。

上述文字说明是预算定额正确使用的重要依据和原则，应用前必须仔细阅读，不然就会造成错套、漏套及重套定额。

2. 定额项目表

定额项目表列出每一单位分项工程中人工、材料、机械台班消耗量及相应的各项费用，是预算定额手册的核心内容。定额项目表由分项工程内容，定额计量单位，定额编号，项目预算单价，人工费、材料费、机械费及相应的消耗量，附注等组成。

3. 附录

附录列在定额手册的最后，其主要内容有建筑机械台班费用定额及说明，混凝土、砂浆配合比表，材料名称，规格表，定额材料、成品、半成品损耗率表等。附录内容主要作为定额换算和编制补充预算定额之用，是定额应用的重要补充资料。

三、预算定额项目的编制形式

预算定额手册根据园林结构及施工程序等，按照章、节、项目、子目等顺序排列。

分部工程为章，它是将单位工程中某些性质相近、材料大致相同的施工对象归纳在一起。如全国 1989 年仿古建筑及园林工程预算定额（第一册通用项目）共分六章，即第一章土石方、打桩、围堰，基础垫层工程；第二章砌筑工程；第三章混凝土及钢筋混凝土工程；第四章木作工程；第五章楼地面工程；第六章抹灰工程。

"章"以下，又按工程性质、工程内容及施工方法、使用材料，分成许多节。如黑龙江省园林绿化工程计价定额（2010 年），共分三章：第一章"绿化工程"、第二章"园路、园桥、假山工程"、第三章"园林景观工程"。"节"以下，再按工程性质、规格、材料类别等分成若干项目。在项目中，还可以按结构的规格再细分出许多子目。

为了查阅使用定额方便，定额的章、节、子目都应有统一的编号。章号用中文一、二、三等，或用罗马文Ⅰ、Ⅱ、Ⅲ等，节号、子目号一般用阿拉伯数字1、2、3等表示。

定额编号通常有三种形式。

①三个符号定额项目编号法。

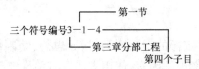

②两个符号定额项目编号法。

```
                          ┌─── 子目
      两个符号编号4─200
                          └─── 第四章分部工程
```

③阿拉伯数字连写的定额项目编号法。

```
        如    005   006
                     │ └─── 子目
                     第五部分部工程
```

【示例】　四川省 2000 预算定额由六位数构成,第一位为专业代码,有土建(代码 1)、装饰(代码 2)、市政(代码 3)、维修(代码 4)、水电安装(代码 5)、仿古建筑及园林绿化(代码 6)、附录(代码 7)。第二位为发项工程代码,由字母 A、B、C…等依次排列,后四位为分项工程代码,由数字 0001、0002、0003……等依次排列。

四、预算定额的种类

1. 预算定额按物资要素区分

劳动定额、材料消耗定额和机械定额,但它们互相依存形成一个整体,作为预算定额的组成部分,各自不具有独立性。

2. 从管理权限和执行范围分

预算定额可分为全国统一定额、行业统一定额和地区统一定额等。全国统一定额由国务院建设行政主管部门组织制定发布;行业统一定额由国务院行业主管部门制定发布;地区统一定额由省、自治区、直辖市建设行政主管部门制定发布。

3. 按专业性质分

预算定额,有建筑工程定额和安装工程定额两大类。建筑工程预算按适用对象又分为建筑工程预算定额、水利建筑工程预算定额、市政工程预算定额、铁路工程预算定额、公路工程预算定额、土地开发整理项目预算定额、通信建设工程费用定额、房屋修缮工程预算定额、矿山井巷预算定额等。安装工程预算定额按适用对象又分为电气设备安装工程预算定额、机械设备安装工程预算定额、通信设备安装工程预算定额、化学工业设备安装工程预算定额、工业管道安装工程预算定额、工艺金属结构安装工程预算定额、热力设备安装工程预算定额等。

五、预算定额的编制原则

1. 简明适用的原则

预算定额要在适用的基础上再力求简明。

2. 社会平均水平原则

预算定额理应遵循价值规律的要求,按生产该产品的社会平均必要劳动时间来确定其价值。也就是说,在正常的施工条件下,以平均的劳动强度、平均的技术熟练程度,在平均的技术装备条件下,完成单位合格产品所需的劳动消耗量就是预算定额的消耗水平。

3. 与专业相适应的原则

编制定额应与相应的专业要求相呼应。

4. 贯彻国家政策、法规的原则

编制定额的过程中,应考虑国家的经济宏观调整政策,地方性法规,促进经济的发展。

5. 专家编审责任制原则

编制定额应以专家为主,这是实践经验的总结,编制要有一支经验丰富、技术和管理知识全面,有一定政策水平的、稳定的专家队伍。通过他们的辛勤工作才能积累经验,保证编制定额的准确性。

6. 坚持统一性和因地制宜的原则

依据国家的方针政策和经济发展要求,统一制定编制方案,但由于各地的经济发展不平衡,适当地进行调整,颁发补充性的条例规定。

六、预算定额的作用

1. 预算定额是对设计方案进行技术经济比较、技术经济分析的依据

设计方案在设计工作中居于中心地位。设计方案的选择要满足功能、符合设计规范,既要技术先进又要经济合理。根据预算定额对方案进行技术经济分析和比较,是选择经济合理设计方案的重要方法。对设计方案进行比较,主要是通过定额对不同方案所需人工、材料和机械台班消耗量等进行比较。这种比较可以判明不同方案对工程造价的影响。对于新结构、新材料的应用和推广,也需要借助于预算定额进行技术分项和比较,从技术与经济的结合上考虑普遍采用的可能性和效益。

2. 预算定额是编制施工图预算、确定和控制建筑安装工程造价的基础

施工图预算是施工图设计文件之一,是控制和确定建筑安装工程造价的必要手段。编制施工图预算,除设计文件决定的建设工程的功能、规模、尺寸和文字说明是计算分部分项工程量和结构构件数量的依据外,预算定额是确定一定计量单位工程人工、材料、机械消耗量的依据,也是计算分项工程单价的基础。

3. 预算定额是编制概算定额和估算指标的基础

概算定额和估算指标是在预算定额基础上经综合扩大编制的,也需要利用预算定额作为编制依据,这样做不但可以节省编制工作中的人力、物力和时间,收到事半功倍的效果,还可以使概算定额和概算指标在水平上与预算定额一致,以避免造成执行中的不一致。

4. 预算定额是施工企业进行经济活动分项的参考依据

实行经济核算的根本目的,是用经济的方法促使企业在保证质量和工期的条件下,用较少的劳动消耗取得预定的经济效果。在目前,我国的预算定额仍决定着企业的收入,企业必须以预算定额作为评价企业工作的重要标准。企业可根据预算定额,对施工中的劳动、材料、机械的消耗情况进行具体的分析,以便找出低工效、高消耗的薄弱环节及其原因。为实现经济效益的增长由粗放型向集约型转变,提供对比数据,促进企业在市场上的竞争的能力。

5. 预算定额是编制标底、投标报价的基础

在深化改革中,在市场经济体制下,预算定额作为编制标底的依据和施工企业报价的基础的作用仍将存在,这是由于它本身的科学性和权威性决定的。

第二节　园林工程预算定额的使用

一、预算定额的直接套用

施工图纸的分部分项工程内容,与所套用的相应定额项目内容一致时,则按定额的规定,直接套用定额。具体步骤:根据施工图纸设计的分部分项工程内容,从定额目录中找出该分部分项工程所在定额中的页数;判断分项工程名称、规格、计量单位等内容与定额规定的名称、规格、计量单位等内容是否完全一致;定额单价的套用。

【示例】　某公园办公室现浇 C20 毛石混凝土带型基础 13.7mm³,试计算完成该分项工程的直接费及主要材料消耗量。

【解】　①确定定额编号:4-1。

②计算分项工程直接费:

分项工程直接费=预算价格×工程量=2438.99/10×13.7=3341.42 元

③计算主要材料消耗量:

材料消耗量=定额规定的耗用量×工程量

水泥(32.5MPa)=2588.741×13.7=35465.75kg

中砂=3.884×13.7=53.21m³

碎石(40mm)=6.766×13.7=92.69m³

毛石=2.72×13.7=37.26m³

塑料薄膜=0.30×13.7=4.11kg

二、预算定额的换算

(1)定额换算的原因

当施工图纸的设计要求与定额项目的内容不相一致时,为了能计算出设计要求项目的直接费及工料消耗量,必须对定额项目与设计要求之间的差异进行调整。这种使定额项目的内容适应设计要求的差异调整是产生定额换算的原因。

(2)定额换算的依据

预算定额具有法令性,为了保持预算定额的水平不改变,在说明中规定了若干条定额换算的条件,因此,在定额换算时必须执行这些规定才能避免人为改变定额水平的不合理现象。从定额水平保持不变的角度来解释,定额换算实际上是预算定额的进一步扩展与延伸。

(3)预算定额换算的内容

定额换算涉及人工费和材料费的换算,特别是园林苗木等材料费及材料消耗量的换算占定额换算相当大的比重。人工费的换算主要是由用工量的增减而引起的,材料费的换算则是由材料耗用量的改变及材料代换而引起的。

(4)预算定额换算的一般规定

常用的定额换算规定有以下几个方面。

①混凝土及砂浆的强度等级在设计要求与定额不同时,按附录中半成品配合比进行换算。

②定额中规定的抹灰厚度不得调整。如设计规定的砂浆种类或配合比与定额不同时,可以换算,但定额人工、机械不变。

③木楼地楞定额是按中距 40cm,断面 5cm×18cm,每 100m² 木地板的楞木 313.3m 计算的,如设计规定与定额不同时,楞木料可以换算,其他不变。

④定额中木地板厚度是按 2.5cm 毛料计算的,如设计规定与定额不同时,可按比例换算,其他不变。

⑤定额分部说明中的各种系数及工料增减换算。

(5)预算定额换算的几种类型

①砂浆的换算。

②混凝土的换算。

③木材材积的换算。

④系数换算。

⑤运距换算。

⑥厚度换算。

⑦断面换算。

三、预算定额的换算方法

(1)混凝土的换算

构件混凝土的换算(混凝土强度和石子品种的换算):这类换算的特点是混凝土的用量不发生变化,只换算强度或石子品种。其换算公式为:

换算价格=原定额价格=定额混凝土用量×(换入混凝土单价-换出混凝土单价)

【示例】 某工程构造梁,设计要求为 C25 钢筋混凝土现浇,试确定构造梁的单价。

【解】 ①确定换算定额(塑性混凝土 C20)。

其单价为 4031.70 元/10m³,混凝土定额用量为 16.13m³/10m³。

②确定换入、换出混凝土的单价(塑性混凝土)。

查定额表知:

C25 混凝土单价为 225.23 元/m³(425 级水泥)。

C20 混凝土单价为 206.72 元/m³(425 级水泥)。

③计算换算单价。

换:4031.70+16.13×(225.23-206.72)=4330.27 元/10m³

④换算小结。

A. 先选择换算定额编号及其单价,确定混凝土品种及其骨料粒径,水泥等级。

B. 根据确定的混凝土品种(塑性混凝土还是低流动性混凝土、石子粒径、混凝土强度),从定额附录中查换出、换入混凝土的单价。

C. 计算换算价格。

D. 确定换入混凝土品种须考虑下列因素:

a. 是塑性混凝土还是低流动性混凝土;

b. 根据规范要求确定混凝土中石子的最大粒径;

c. 根据设计要求,确定采用砾石、碎石及混凝土的强度。

(2)砂浆的换算

定额规定允许换算的条件:因砂浆等级不同引起定额单价变动的砌筑砂浆或抹灰砂浆,必须进行换算。

换算后定额基价=换算前定额基价+定额砂浆用量×(换入砂浆单价-换出砂浆单价)

【示例】 某工程空花墙,设计要求用黏土砖,M7.5 混合砂浆砌筑,试计算该分项工程预算价格。

【解】 ①确定换算定额的编号;M5 混合砂浆。

价格为:2210.14 元/10m³。

砂浆用量为:18.75m³/10m³(42.5级水泥)。

②确定换入换出砂浆的单价。

查定额表知:

M7.5混合砂浆单价161.43元/m³(中砂)。

M5混合砂浆单价145.78元/m³(中砂)。

③计算换算单价。

换:＝2217.43＋18.75×(161.43－140.78)＝2604.61 元/10m³

(3)系数换算

系数换算是按定额说明中规定的系数乘以相应定额的基价(或定额中工料之一部分)后,得到一个新单价的换算。

【示例】 某工程平基土方,施工组织设计规定为机械开挖,在机械不能施工的死角有湿土 121m² 需人工开挖,试计算完成该分项工程的直接费。

【解】 根据土石方分部说明,得知人工挖湿土时,按相应定额项目乘以系数1.18计算,机械不能施工的土石方,按相应人工挖土方定额乘以系数1.5。

①确定换算定额编号及单价。

定额单价为 166.95 元/100m²。

②计算换算单价。

换:166.95×1.18×1.5＝295.50 元/100m²

③计算完成该分项工程的直接费。

295.50×1.31＝387.11 元

(4)运距换算

在定额中,由于受到篇幅的限制,对各种项目的运输定额,一般分为基本定额和增加定额,即超过最大运距时另行计算。

(5)断面换算

在预算定额中,木结构的构件断面,是根据不同设计标准,通过综合加权计算确定的,在编制工程预算过程中,设计断面与定额断面不符时,按定额规定进行换算。

【示例】 古式木短窗扇,万字式,设计边挺断面为 6cm×8cm,计算定额基价。

【解】 ①设计边挺断面6cm×8cm 为净料,加刨光损耗,毛料断面为 6.5cm×8.5cm

②窗扇边挺定额毛料规格为 5.5cm×7.5cm,定额边挺毛料用量为 0.2564m³/10m²

③截面积换算公式:

定额杉枋材增减量＝(设计截面积/定额截面积－1)×定额边挺毛料用量,即枋材增加量
＝(6.5×8.5÷5.5×7.5－1)×0.2564＝0.087m³/10m²

④套定额,基价＝4056＋0.087×1139＝4155 元/10m²

四、影响园林工程预算的因素及注意事项

1. 常见问题

(1)分部分项子目列错

原因:施工图纸没有详细看清楚,甚至没有看懂,对定额规范上的分部分项子目不熟悉;没有看清各分部分项的工作内容,列分部分项子目时故意"捣鬼"或匆匆忙忙、疏忽

大意。

(2)工程量算错

原因:没有看清施工图纸上所示具体尺寸;套的计算公式不对;工程量计算过程中弄错数据;不注意定额表上所示计量单位;故意冒算工程量。

(3)单价算错

原因:对定额不熟悉;故意套用费用较高的单价。

(4)费率取错

原因:对当地执行的费用定额不熟悉,甚至不会计取;故意计取高费率。

(5)各项费用计算差错

原因:运算过程中疏忽大意;按费汇总时有漏项现象;乘费率时弄错小数点。

2. 注意事项

(1)预应力钢筋的人工时效费

预算定额一般未考虑预应力钢筋的人工时效费,如设计要求进行人工时效者,应按分部说明的规定,单独进行人工时效费调整。

(2)钢筋的量差及价差调整

①钢筋量差调整。因为各种钢筋混凝土构件所承受的荷载不同,因而其钢筋用量也不会相同。但编制定额时,不可能反映每一个具体钢筋混凝土构件的钢筋耗用量,而只能综合确定出一个含钢量。这个含钢量表示定额中的钢筋耗用量。在编制施工图预算对,每个工程的实际钢筋用量与按定额含钢量分析计算的钢筋量不相等。因此,在编制施工图预算时,必须对钢筋进行量差调整。定额规定,钢筋量差调整及价差调整,不以个别构件为对象,而是以单位工程中所有不同类别钢筋混凝土构件的钢筋总量为对象进行调整。钢筋量差调整的公式如下:

单位工程构件钢筋量差＝单位工程设计图纸钢筋净用量×(1＋损耗率)－

单位工程构件定额分析钢筋总消耗量

说明:这里的构件分别是指现浇构件、装配式构件、先张法预应力构件、后张法预应力构件。这几种构件要分别进行调整。各类构件中钢筋的损耗率一般在定额总说明中予以规定。

②钢筋价差的调整。钢筋的预算价格具有时间性,几乎每年都有不同程度的变化。而预算定额却具有相对稳定性,一般在几年内不变。在这种情况下,定额中的钢筋预算价格与实际的钢筋价格就有一个差额。所以,在编制施工图预算时,要进行钢筋的实际价格与预算价格的调整。

第三节　园林工程概算

一、概算定额概念

概算定额,是在预算定额的基础上,确定完成合格的单位扩大分项工程或单位扩大结构构件所需消耗的人工、材料和机械台班的数量标准限额,所以,概算定额又称作"扩大结构定额"或"综合预算定额"。

概算定额是设计单位在初步设计阶段或扩大初步设计阶段确定工程造价,编制设计概算的依据。

概算定额是预算定额的合并与扩大。它将预算定额中有联系的若干个分项工程项目综合为一个概算定额项目。如砖基础概算定额项目,就是以砖基础为主,综合了平整场地、挖地槽、铺设垫层、砌砖基础、铺设防潮层、回填土及运土等预算定额中的分项工程项目。又如砖墙定额,就是以砖墙为主,综合了砌砖、钢筋混凝土过梁制作、运输、安装、勒脚、内外墙抹灰、内墙面刷白等预算定额的分项工程项目。

二、概算定额手册的内容

概算定额手册的内容基本上是由文字说明、定额项目表和附录三部分组成。

1. 文字说明部分

文字说明部分有总说明和分章说明。在总说明中,主要有阐述概算定额的编制依据、原则、目的和作用,包括内容、使用范围、应注意的事项等。

2. 定额项目表

(1)定额项目划分

定额项目的划分概算定额项目一般按以下两种方法划分。

①按工程结构划分。一般是按土石方、基础、墙、梁板柱、门窗、楼地面装饰、构筑物等工程结构划分。

②按工程部位(分部)划分。一般是按基础、墙体、梁柱、楼地面、屋盖、其他工程部位等划分,如基础工程中包括了砖、石、混凝土基础等项目。

(2)定额项目内容

定额项目表是概算定额手册的主要内容,由若干分节定额组成。各节定额由工程内容、定额表及附注说明组成。定额表中列有定额编号、计量单位、概算价格、人工、材料、机械台班消耗量指标,综合了预算定额的若干项目与数量。

3. 附录

主要是一些相关的补充性文件介绍。

三、概算定额的作用

①是初步设计阶段编制概算、扩大初步设计阶段编制修正概算的主要依据。

②是对设计项目进行技术经济分析比较的基础资料之一。

③是建设工程主要材料计划编制的依据。

④是编制概算指标的依据。

⑤是控制施工图预算的依据。

⑥是工程结束后,进行竣工决算的依据,主要是分析概预算执行情况,考核投资效益。

四、概算指标

概算指标通常以整个建筑物或构筑物为对象,以建筑面积、体积或成套设备装置的台或组为计量单位而规定的人工、材料、机械台班的消耗量标准和造价指标。

从上述概念中可以看出,建筑安装工程概算定额与概算指标的主要区别如下。

①确定各种消耗量指标的对象不同。概算定额是以单位扩大分项工程或单位扩大结构构件为对象,而概算指标则是以整个建筑物(如 $100m^2$ 或 $1000m^3$ 建筑物)和构筑物为对象。因此,概算指标比概算定额更加综合与扩大。

②确定各种消耗量指标的依据不同 概算定额以现行预算定额为基础,通过计算之后才

综合确定出各种消耗量指标,而概算指标中各种消耗量指标的确定,则主要来自各种预算或结算资料。

五、概算指标的表现形式

概算指标的表现形式分为综合概算指标和单项概算指标两种。

①综合概算指标。综合概算指标是指按工业或民用建筑及其结构类型而制定的概算指标。综合概算指标的概括性较大,其准确性、针对性不如单项指标。

②单项概算指标单项概算指标是指为某种建筑物或构筑物而编制的概算指标。单项概算指标的针对性较强,故指标中对工程结构形式要作介绍。只要工程项目的结构形式及工程内容与单项指标中的工程概况相吻合,编制出的设计概算就比较准确。

六、概算指标的应用

概算指标的应用比概算定额具有更大的灵活性,由于它是一种综合性很强的指标,不可能与拟建工程的建筑特征、结构特征、自然条件、施工条件完全一致。因此,在选用概算指标时要十分慎重,选用的指标与设计对象在各个方面应尽量一致或接近,不一致的地方要进行换算,以提高准确性。

(1)概算指标的直接套用

设计对象的结构特征与概算指标一致时,可以直接套用。直接套用时应注意:拟建工程的建设地点与概算指标中的工程地点在同一地区,拟建工程的外形特征和结构特征与概算指标中工程的外形特征、结构特征应基本相同,拟建工程的建筑面积、层数与概算指标中工程的建筑面积、层数相差不大。

(2)概算指标的调整

用概算指标编制工程概算时,往往不容易选到与概算指标中工程结构特征完全相同的概算指标,实际工程与概算指标的内容存在着一定的差异。在这种情况下,需对概算指标进行调整,调整的方法如下。

①每 $100m^2$ 造价调整的思路如同定额换算,即从原每 $100m^2$ 概算造价中,减去每 $100m^2$ 建筑面积需换出结构构件的价值,加上每 $100m^2$ 建筑面积需换入结构构件的价值,即得 $100m^2$ 修正造价调整指标,再将每 $100m^2$ 造价调整指标乘以设计对象的建筑面积,即得出拟建工程的概算造价。

计算公式为:

每 $100m^2$ 建筑面积造价调整指标＝所选指标造价－每 $100m^2$ 换出结构

构件的价值＋每 $100m^2$ 换入结构构件的价值

式中:换出结构构件的价值＝原指标中结构构件工程量×地区概算定额基价

换入结构构件的价值＝拟建工程中结构构件的工程量×地区概算定额基价

【示例】　某拟建工程,建筑面积为 $3580m^2$,按图算出一砖外墙为 $646.97m^2$,木窗 $613.72m^2$,所选定的概算指标中,每 $100m^2$ 建筑面积有一砖半外墙 $25.71m^2$,钢窗 $15.50m^2$,每 $100m^2$ 概算造价为 29767 元,试求调整后每 $100m^2$ 概算造价及拟建工程的概算造价。

【解】　概算指标调整详见表 2-1,则每 $100m^2$ 建筑面积调整概算造价－29767＋2272－3392＝28647 元,拟建工程的概算造价为:35.7×29647＝1058397.9 元。

表 2-1　概算指标调整计算表

序号	概算定额编号	构件	单位	数量	单价	复价	备注
	换入部分						
1	2-78	一砖外墙	m²	18.07	88.31	1596	$\dfrac{646.97}{35.7}=18.12$
2	4-68	木窗	m²	17.14	39.45	676	$\dfrac{613.72}{35.7}=17.19$
	小计					2272	
	换出部分						
3	2-78	一砖半外墙	m²	25.71	87.20	2242	
4	4-90	钢窗	m²	15.5	74.20	1150	
	小计					3392	

②每 100m² 中工料数量的调整调整的思路是从所选定指标的工料消耗量中,换出与拟建工程不同的结构构件的工料消耗量,换入所需结构构件的工料消耗量。

关于换出换入的工料数量,是根据换出换入结构构件的工程量乘以相应的概算定额中工料消耗指标得到的。根据调整后的工料消耗量和地区材料预算价格、人工工资标准、机械台班预算单价,计算每 100m² 的概算基价,然后依据有关取费规定,计算每 100m² 的概算造价。

这种方法主要适用于不同地区的同类工程编制概算。用概算指标编制工程概算,工程量的计算工作很小,也节省了大量的定额套用和工料分析工作,因此,比用概算定额编制工程概算的速度要快,但是准确性差一些。

第三章　园林工程工程量清单及其计价

第一节　建设工程清单工程量计价简述

一、新版计价规范简介

为了规范工程造价计价行为,统一建设工程工程量清单的编制和计价方法,按照工程造价管理改革的要求,2013年7月1日,住房和城乡建设部发布第63号公告,批准了新的国家标准《建设工程工程量清单计价规范》(GB 50500—2013)(以下简称"计价规范"),自2013年7月1日起实施。

新规范中第3.1.1条、第3.1.4条、第3.1.5条、第3.1.6条、第3.4.1条、第4.1.2条、第4.21条、第4.2.2条、第4.3.1条、第5.1.1条、第6.1.3条、第6.1.4条、第8.1.1条、第8.2.1条、第11.1.1条为强制性条文。

《建设工程工程量清单计价规范》(GB 50500—2013)与《建设工程工程量清单计价规范》(GB 50500—2008)关于法律法规变化规定的要点有:

①13版清单与法律法规变化风险分担与08清单完全一致:以基准日期为界限,基准日之前法律法规变化由承包人承担,基准日之后法律法规变化由发包人承担。

②但13版清单在08版清单基础上新增了因承包人原因导致工期延误且法律法规变化发生在原定竣工时间之后合同价款的调整方式。

二、新版计价规范的特点

1. 工程价款管理

2013版规范对工程量清单、招标控制价、投标价、签约合同价、工程计量、价款的调整与支付、争议解决、资料与档案管理、工程造价鉴定等工程价款全过程管理的内容进行了约定,体现了全过程管理的思想。

2. 丰富了清单计价规范的内容

2013版规范的条文数量由08版清单计价规范的136条增加到328条,其中对原强制性条文进行了增减,但强制性条文总数没变,仍为15条。

3. 重视过程管理

2013版规范对工程量清单的编制、招标控制价、投标报价、签约合同价、合同价款的调整、工程计量以及价款的期中支付都有着明确详细的规定。这体现出2013版规范由过去重结算的造价管理向重在前期管理的方向转变。给参与方在招投标阶段、合同签订阶段、施工阶段的价款管理提供有力的依据。

4. 新清单规范把计量和计价两部分实际分开

新版规范在08规范的基础上,把计量和计价两部分的规定实际分开。新规范先是对计价内容进行了规范,形成了共328条规定,然后单独给出了9个专业(分别是房屋建筑与装饰工程、仿古建筑工程、通用安装工程、市政工程、园林绿化工程、构筑物工程、矿山工程、城市轨道交通工程、爆破工程)的工程计量规范。

5. 细化了措施项目费计算的规定,改善了计量计价的可操作性

新版规范更加关注措施项目费的分类与计算方法。规范中新规定了因工程变更及工程量清单缺项导致的调整措施项目费与新增措施项目费的计算原则与计算方法。阐述更详尽的计价条款提高了 2013 版《规范》的可操作性,指导性更强。规范中对承包商报价浮动率、工程变更项目综合单价以及工程量偏差部分分部分项工程费的计算给出了明确的计算说明和计算公式。

6. 提高了合同各方风险分担的强制性,要求发承包双方明确各自的风险范围

新版规范对计价风险的说明,由适用性条文转变为强制性条文,例如规定建筑工程施工发承包,应在招标文件、合同中明确计价中的风险内容及其范围(幅度),不得采用无限风险或类似语句规定计价中的风险内容及其范围(幅度)。另外,新增了对风险的补充说明。对物价波动引起的价款调整范围进行了规定。对发包人提供材料和工程设备承担风险、承包人提供材料和工程设备承担风险、招标控制价准确性的风险范围(招标控制价复查结论与原公布的招标控制价误差应小于 3%,否则招标人应改正)、工程变更综合单价承担的风险(即考虑承包人报价浮动率)、工程量偏差引起价款调整的风险等内容都进行了明确规定。

三、新旧计价规范强制性条文分析

新旧计价规范强制性条文分析见表 3-1。

表 3-1 新旧计价规范强制性条文对比

条款	新计价规范强制性条文规定	条款	2008 版计价规范强制性条文规定
3.1.1	使用国有资金投资的建设工程发承包,必须采用工程量清单计价	1.0.3	全部使用国有资金投资或国有资金投资为主(以下二者简称"国有资金投资")的工程建设项目,必须采用工程量清单计价
3.1.4	工程量清单应采用综合单价计价	3.1.2	采用工程量清单方式招标,工程量清单必须作为招标文件的组成部分,其准确性和完整性由招标人负责
3.1.5	措施项目中的安全文明施工费必须按国家或省级、行业建设主管部门的规定计算,不得作为竞争性费用	3.2.1	分部分项工程量清单应包括项目编码、项目名称、项目特征、计量单位和工程量
3.1.6	规费和税金必须按国家或省级、行业建设主管部门的规定计算,不得作为竞争性费用	3.2.2	分部分项工程量清单应根据附录规定的项目编码、项目名称、项目特征、计量单位和工程量计算规则进行编制
3.4.1	建设工程发承包,必须在招标文件、合同中明确计价中的风险内容及其范围,不得采用无限风险、所有风险或类似语句规定计价中的风险内容及其范围(新增)	3.2.3	分部分项工程量清单的项目编码,应采用十二位阿拉伯数字表示。一至九位应按附录的规定设置,十至十二位应根据拟建工程的工程量清单项目名称设置。同一招标工程的项目编码不得有重码
4.1.2	招标工程量清单必须作为招标文件的组成部分,其准确性和完整性由招标人负责	3.2.4	分部分项工程量清单的项目名称应按附录的项目名称结合拟建工程的实际确定

续表 3-1

条款	新计价规范强制性条文规定	条款	2008 版计价规范强制性条文规定
4.2.1	分部分项工程项目清单必须载明项目编码、项目名称、项目特征、计量单位和工程量（语气加强）	3.2.5	分部分项工程量清单中所列工程量应按附录中规定的工程量计算规则计算
4.2.2	分部分项工程项目清单必须根据相关工程现行国家计量规范规定的项目编码、项目名称、项目特征、计量单位和工程量计算规则进行编制（语气加强）	3.2.6	分部分项工程量清单的计量单位应按附录中规定的计量单位确定
4.3.1	措施项目清单必须根据相关工程现行国家计量规范的规定编制（新增）	3.2.7	分部分项工程量清单项目特征应按附录中规定的项目特征，结合拟建工程项目的实际予以描述
5.1.1	国有资金投资的建设工程招标，招标人必须编制招标控制价（新增）	4.1.2	分部分项工程量清单应采用综合单价计价
6.1.3	投标报价不得低于工程成本（新增）	4.1.3	招标文件中的工程量清单标明的工程量是投标人投标报价的共同基础，竣工结算的工程量按发、承包双方在合同中约定应予计量且实际完成的工程量确定
6.1.4	投标人必须按招标工程量清单填报价格。项目编码、项目名称、项目特征、计量单位、工程量必须与招标工程量清单一致	4.1.5	措施项目清单中的安全文明施工费应按照国家或省级、行业建设主管部门的规定计价，不得作为竞争性费用
8.1.1	工程量必须按照相关工程现行国家计量规范规定的工程量计算规则计算（新增）	4.1.8	规费和税金应按国家或省级、行业建设主管部门的规定计算，不得作为竞争性费用
8.2.1	工程量必须以承包人完成合同工程应予计量的按照现行国家计量规范规定的工程量计算规则计算得到的工程量确定	4.3.2	投标人应按招标人提供的工程量清单填报价格。填写的项目编码、项目名称、项目特征、计量单位、工程量必须与招标人提供的一致
11.1.1	工程完工后，发承包双方必须在合同约定时间内办理工程竣工结算	4.8.1	工程完工后，发、承包双方应在合同约定时间内办理工程竣工结算

四、新版计价规范术语

1. 建设工程工程量清单计价规范术语

（1）工程量清单

载明建设工程分部分项工程项目、措施项目、其他项目的名称和相应数量以及规费、税金项目等内容的明细清单。

（2）招标工程量清单

招标人依据国家标准、招标文件、设计文件以及施工现场实际情况编制的，随招标文件发布供投标报价的工程量清单，包括其说明和表格。

（3）已标价工程量清单

构成合同文件组成部分的投标文件中已标明价格，经算术性错误修正（如有）且承包人已确认的工程量清单,包括其说明和表格。

(4)分部分项工程

分部工程是单项或单位工程的组成部分,是按结构部位、路段长度及施工特点或施工任务将单项或单位工程划分为若干分部的工程;分项工程是分部工程的组成部分,是按不同施工方法、材料、工序及路段长度等将分部工程划分为若干个分项或项目的工程。

(5)措施项目

为完成工程项目施工,发生于该工程施工准备和施工过程中的技术、生活、安全、环境保护等方面的项目。

(6)项目编码

分部分项工程和措施项目清单名称的阿拉伯数字标识。

(7)项目特征

构成分部分项工程项目、措施项目自身价值的本质特征。

(8)综合单价

完成一个规定清单项目所需的人工费、材料和工程设备费、施工机具使用费和企业管理费、利润以及一定范围内的风险费用。

(9)风险费用

隐含于已标价工程量清单综合单价中,用于化解发承包双方在工程合同中约定内容和范围内的市场价格波动风险的费用。

(10)工程成本

承包人为实施合同工程并达到质量标准,在确保安全施工的前提下,必须消耗或使用的人工、材料、工程设备、施工机械台班及其管理等方面发生的费用和按规定缴纳的规费和税金。

(11)单价合同

发承包双方约定以工程量清单及其综合单价进行合同价款计算、调整和确认的建设工程施工合同。

(12)总价合同

发承包双方约定以施工图及其预算和有关条件进行合同价款计算、调整和确认的建设工程施工合同。

(13)成本加酬金合同

发承包双方约定以施工工程成本再加合同约定酬金进行合同价款计算、调整和确认的建设工程施工合同。

(14)工程造价信息

工程造价管理机构根据调查和测算发布的建设工程人工、材料、工程设备、施工机械台班的价格信息,以及各类工程的造价指数、指标。

(15)工程造价指数

反映一定时期的工程造价相对于某一固定时期的工程造价变化程度的比值或比率。包括按单位或单项工程划分的造价指数,按工程造价构成要素划分的人工、材料、机械等价格指数。

(16)工程变更

合同工程实施过程中由发包人提出或由承包人提出经发包人批准的合同工程任何一项

工作的增、减、取消或施工工艺、顺序、时间的改变;设计图纸的修改;施工条件的改变;招标工程量清单的错、漏从而引起合同条件的改变或工程量的增减变化。

（17）工程量偏差

承包人按照合同工程的图纸（含经发包人批准由承包人提供的图纸）实施,按照现行国家计量规范规定的工程量计算规则计算得到的完成合同工程项目应予计量的工程量与相应的招标工程量清单项目列出的工程量之间出现的量差。

（18）暂列金额

招标人在工程量清单中暂定并包括在合同价款中的一笔款项。用于工程合同签订时尚未确定或者不可预见的所需材料、工程设备、服务的采购,施工中可能发生的工程变更、合同约定调整因素出现时的合同价款调整以及发生的索赔、现场签证确认等的费用。

（19）暂估价

招标人在工程量清单中提供的用于支付必然发生但暂时不能确定价格的材料、工程设备的单价以及专业工程的金额。

（20）计日工

在施工过程中,承包人完成发包人提出的工程合同范围以外的零星项目或工作,按合同中约定的单价计价的一种方式。

（21）总承包服务费

总承包人为配合协调发包人进行的专业工程发包,对发包人自行采购的材料、工程设备等进行保管以及施工现场管理、竣工资料汇总整理等服务所需的费用。

（22）安全文明施工费

在合同履行过程中,承包人按照国家法律、法规、标准等规定,为保证安全施工、文明施工,保护现场内外环境和搭拆临时设施等所采用的措施而发生的费用。

（23）索赔

在工程合同履行过程中,合同当事人一方因非己方的原因而遭受损失,按合同约定或法律法规规定应由对方承担责任,从而向对方提出补偿的要求。

（24）现场签证

发包人现场代表（或其授权的监理人、工程造价咨询人）与承包人现场代表就施工过程中涉及的责任事件所作的签认证明。

（25）提前竣工（赶工）费

承包人应发包人的要求而采取加快工程进度措施,使合同工程工期缩短,由此产生的应由发包人支付的费用。

（26）误期赔偿费

承包人未按照合同工程的计划进度施工,导致实际工期超过合同工期（包括经发包人批准的延长工期）,承包人应向发包人赔偿损失的费用。

（27）不可抗力

发承包双方在工程合同签订时不能预见的,对其发生的后果不能避免,并且不能克服的自然灾害和社会性突发事件。

（28）工程设备

指构成或计划构成永久工程一部分的机电设备、金属结构设备、仪器装置及其他类似的设备和装置。

(29)缺陷责任期

指承包人对已交付使用的合同工程承担合同约定的缺陷修复责任的期限。

(30)质量保证金

发承包双方在工程合同中约定,从应付合同价款中预留,用以保证承包人在缺陷责任期内履行缺陷修复义务的金额。

(31)费用

承包人为履行合同所发生或将要发生的所有合理开支,包括管理费和应分摊的其他费用,但不包括利润。

(32)利润

承包人完成合同工程获得的盈利。

(33)企业定额

施工企业根据本企业的施工技术、机械装备和管理水平而编制的人工、材料和施工机械台班等的消耗标准。

(34)规费

根据国家法律、法规规定,由省级政府或省级有关权力部门规定施工企业必须缴纳的,应计入建筑安装工程造价的费用。

(35)税金

国家税法规定的应计入建筑安装工程造价内的营业税、城市维护建设税、教育费附加和地方教育附加。

(36)发包人

具有工程发包主体资格和支付工程价款能力的当事人以及取得该当事人资格的合法继承人,有时又称招标人。

(37)承包人

被发包人接受的具有工程施工承包主体资格的当事人以及取得该当事人资格的合法继承人,有时又称投标人。

(38)工程造价咨询人

取得工程造价咨询资质等级证书,接受委托从事建设工程造价咨询活动的当事人以及取得该当事人资格的合法继承人。

(39)造价工程师

取得造价工程师注册证书,在一个单位注册、从事建设工程造价活动的专业人员。

(40)造价员

取得全国建设工程造价员资格证书,在一个单位注册、从事建设工程造价活动的专业人员。

(41)单价项目

工程量清单中以单价计价的项目,即根据合同工程图纸(含设计变更)和相关工程现行国家计量规范规定的工程量计算规则进行计量,与已标价工程量清单相应综合单价进行价款计算的项目。

(42)总价项目

工程量清单中以总价计价的项目,即此类项目在相关工程现行国家计量规范中无工程量计算规则,以总价(或计算基础乘费率)计算的项目。

(43)工程计量

发承包双方根据合同约定,对承包人完成合同工程的数量进行的计算和确认。

(44)工程结算

发承包双方根据合同约定,对合同工程在实施中、终止时、已完工后进行的合同价款计算、调整和确认。包括期中结算、终止结算、竣工结算。

(45)招标控制价

招标人根据国家或省级、行业建设主管部门颁发的有关计价依据和办法及拟定的招标文件和招标工程量清单,结合工程具体情况编制的招标工程的最高投标限价。

(46)投标价

投标人投标时响应招标文件要求所报出的对已标价工程量清单汇总后标明的总价。

(47)签约合同价(合同价款)

发承包双方在工程合同中约定的工程造价,即包括了分部分项工程费、措施项目费、其他项目费、规费和税金的合同总金额。

(48)预付款

在开工前,发包人按照合同约定,预先支付给承包人用于购买合同工程施工所需的材料、工程设备及组织施工机械和人员进场等的款项。

(49)进度款

在合同工程施工过程中,发包人按照合同约定对付款周期内承包人完成的合同价款给予支付的款项,也是合同价款期中结算支付。

(50)合同价款调整

在合同价款调整因素出现后,发承包双方根据合同约定,对合同价款进行变动的提出、计算和确认。

(51)竣工结算价

发承包双方依据国家有关法律、法规和标准规定,按照合同约定确定的,包括在履行合同过程中按合同约定进行的合同价款调整,是承包人按合同约定完成了全部承包工作后,发包人应付给承包人的合同总金额。

(52)工程造价鉴定

工程造价咨询人接受人民法院、仲裁机关委托,对施工合同纠纷案件中的工程造价争议,运用专门知识进行鉴别、判断和评定,并提供鉴定意见的活动。也称为工程造价司法鉴定。

2. 新版园林绿化工程工程量计算规范述语

(1)工程量计算

指建设工程项目以工程设计图纸、施工组织设计或施工方案及有关技术经济文件为依据,按照相关工程国家标准的计算规则、计量单位等规定,进行工程数量的计算活动,在工程建设中简称工程计量。

(2)园林工程

在一定地域内运用工程及艺术的手段,通过改造地形、建造建筑(构筑)物、种植花草树木、铺设园路、设置小品和水景等,对园林各个施工要素进行工程处理,使目标园林达到一定的审美要求和艺术氛围,这一工程的实施过程称为园林工程。

(3)绿化工程

树木、花卉、草坪、地被植物等的植物种植工程。

(4)园路

园林中的道路。

(5)园桥

园林内供游人通行的步桥。

第二节　新版计价规范内容规定及其释义

一、建设工程工程量计价规范一般规定

1. 计价方式

①使用国有资金投资的建设工程发承包。必须采用工程量清单计价。

②非国有资金投资的建设工程,宜采用工程量清单计价。

③不采用工程量清单计价的建设工程,应执行除工程量清单等专门性规定外的其他规定。

④工程量清单应采用综合单价计价。

⑤措施项目中的安全义明施工费必须按国家或省级、行业建设主管部门的规定计算,不得作为竞争性费用。

⑥规费和税金必须按国家或省级、行业建设主管部门的规定计算,不得作为竞争性费用。

上述条款强调了工程量清单应采用综合单价计价。措施项目中的安全文明施工费必须按国家或省级、行业建设主管部门的规定计算,不得作为竞争性费用。总之,新版清单将措施项目明确分为单价项目和总价项目,单价项目应按分分项工程量清单的方式采用综合单价计价,总价项目采用以"项"为单位的方式计价。

2. 发包人提供材料和工程设备

①发包人提供的材料和工程设备(以下简称甲供材料)应在招标文件中按照规定填写《发包人提供材料和工程设备一览表》,写明甲供材料的名称、规格、数量、单价、交货方式、交货地点等。

承包人投标时,甲供材料单价应计入相应项目的综合单价中,签约后,发包人应按合同约定扣除甲供材料款,不予支付。

②承包人应根据合同工程进度计划的安排,向发包人提交甲供材料交货的日期计划。发包人应按计划提供。

③发包人提供的甲供材料如规格、数量或质量不符合合同要求,或由于发包人原因发生交货日期延误、交货地点及交货方式变更等情况的,发包人应承担由此增加的费用和(或)工期延误,并应向承包人支付合理利润。

④发承包双方对甲供材料的数量发生争议不能达成一致的,应按照相关工程的计价定额同类项目规定的材料消耗量计算。

⑤若发包人要求承包人采购已在招标文件中确定为甲供材料的,材料价格应由发承包

双方根据市场调查确定,并应另行签订补充协议。

3. 承包人提供材料和工程设备

①除合同约定的发包人提供的甲供材料外,合同工程所需的材料和工程设备应由承包人提供,承包人提供的材料和工程设备均应由承包人负责采购、运输和保管。

②承包人应按合同约定将采购材料和工程设备的供货人及品种、规格、数量和供货时间等提交发包人确认,并负责提供材料和工程设备的质量证明文件,满足合同约定的质量标准。

③对承包人提供的材料和工程设备经检测不符合合同约定的质量标准,发包人应立即要求承包人更换,由此增加的费用和(或)工期延误应由承包人承担。对发包人要求检测承包人已具有合格证明的材料、工程设备,但经检测证明该项材料、工程设备符合合同约定的质量标准,发包人应承担由此增加的费用和(或)工期延误,并向承包人支付合理利润。

4. 计价风险

(1)风险内容及范围

①建设工程发包人。必须在招标文件、合同中明确计价中的风险内容及其范围。不得采用无限风险、所有风险或类似语句规定计价中的风险内容及范围。

②由于下列因素出现,影响合同价款调整的,应由发包人承担:

a. 国家法律、法规、规章和政策发生变化。

b. 省级或行业建设主管部门发布的人工费调整,但承包人对人工费或人工单价的报价高于发布的除外。

c. 由政府定价或政府指导价管理的原材料等价格进行了调整。

③由于市场物价波动影响合同价款的,应由发承包双方合理分摊,填写《承包人提供主要材料和工程设备一览表》作为合同附件。

④由于承包人使用机械设备、施工技术以及组织管理水平等自身原因造成施工费用增加的,应由承包人全部承担。

⑤当不可抗力发生,影响合同价款时,应按规定执行。

上述条文款表明了新版清单计价规范强化了"合同计价风险分担原则"的强制性效力,并规定招标人必须在招标文件中或在签订合同时,载明投标人应考虑的风险内容及其风险范围或风险幅度。这从本质上体现了风险分担原则应秉承一种权责利对等的思想,并考虑合同各方的意愿与能力,实现风险的合理分担。

(2)影响合同价款的风险

新版清单计价规范明确规定了发包人应承担的影响合同价款的风险:

①国家法律、法规、规章和政策发生变化。

②省级或行业建设主管部门发布的人工费调整,但承包人对人工费或人工单价的报价高于发布的除外。

③由政府定价或政府指导价管理的原材料等价格进行了调整的。

由此可见,与2008版清单计价规范相比,新版清单计价规范进一步强化与明确了人工费调整的处理原则及政府定价或指导价管理的原材料价格的调整处理原则,加强了发包人承担的责任风险。

从上述条文规定中可以看出人工费调整的原则是:不利于承包商原则。

承包商人工费报价＜新人工成本信息。调整方法:调价差＝新人工成本信息－旧人工成本信息

承包商人工费报价＞新人工成本信息。不予调整。

此条文表明了新版清单计价规范对计价风险的规定与 2008 版清单计价规范对风险分担的规定原则一致,即体现单价合同风险分担原则:

投标人应完全承担的风险是技术风险和管理风险,如管理费和利润。

投标人应有限承担的是市场风险,如材料价格、施工机械使用费等风险。

投标人完全不承担的是法律、法规、规章和政策变化的风险,此外还包括省级或行业建设主管部门发布的人工费调整、由政府定价或政府指导价管理的原材料等价格的调整。

承发包双方之间合理的风险分担,有效地改善了项目管理绩效,是项目成功的关键。

二、工程量清单编制

1. 一般规定

①招标工程量清单应由具有编制能力的招标人或受其委托、具有相应资质的工程造价咨询人编制。

②招标工程量清单必须作为招标文件的组成部分,其准确性和完整性应由招标人负责。

③招标工程量清单是工程量清单计价的基础,应作为编制招标控制价、投标报价、计算或调整工程量、索赔等的依据之一。

④招标工程量清单应以单位(项)工程为单位编制,应由分部分项工程项目清单、措施项目清单、其他项目清单、规费和税金项目清单组成。

⑤编制招标工程量清单应依据:

a. 当前清单规范和相关工程的国家计量规范。

b. 国家或省级、行业建设主管部门颁发的计价定额和办法。

c. 建设工程设计文件及相关资料。

d. 与建设工程有关的标准、规范、技术资料。

e. 拟定的招标文件。

f. 施工现场情况、地勘水文资料、工程特点及常规施工方案。

g. 其他相关资料。

2. 分部分项工程项目

①分部分项工程项目清单必须载明项目编码、项目名称、项目特征、计量单位和工程量。

②分部分项工程项目清单必须根据相关工程现行国家计量规范规定的项目编码、项目名称、项目特征、计量单位和工程量计算规则进行编制。

3. 措施项目

①措施项目清单必须根据相关工程现行国家计量规范的规定编制。

②措施项目清单应根据拟建工程的实际情况列项。

4. 其他项目

①其他项目清单应按照下列内容列项:

a. 暂列金额。

b. 暂估价,包括材料暂估单价、工程设备暂估单价、专业工程暂估价。

c. 计日工。

d. 总承包服务费。

②暂列金额应根据工程特点按有关计价规定估算。

③暂估价中的材料、工程设备暂估单价应根据工程造价信息或参照市场价格估算,列出明细表;专业工程暂估价应分不同专业,按有关计价规定估算,列出明细表。

④计日工应列出项目名称、计量单位和暂估数量。

⑤总承包服务费应列出服务项目及其内容等。

⑥出现未列的项目,应根据工程实际情况补充。

说明材料、工程设备暂估单价和专业工程暂估价均由招标人提供,为暂估价格。暂估价数量和拟用项目应当结合工程量清单中的"暂估价表"予以补充说明。

5. 规费

①规费项目清单应按照下列内容列项:

a. 社会保险费:包括养老保险费、失业保险费、医疗保险费、工伤保险费、生育保险费。

b. 住房公积金。

c. 工程排污费。

②出现未列的项目,应根据省级政府或省级有关部门的规定列项。

6. 税金

①税金项目清单应包括下列内容:

a. 营业税。

b. 城市维护建设税。

c. 教育费附加。

d. 地方教育附加。

②出现规范未列的项目,应根据税务部门的规定列项。

三、招标控制价

1. 一般规定

①国有资金投资的建设工程招标,招标人必须编制招标控制价。

②招标控制价应由具有编制能力的招标人或受其委托具有相应资质的工程造价咨询人编制和复核。

③工程造价咨询人接受招标人委托编制招标控制价,不得再就同一工程接受投标人委托编制投标报价。

④招标控制价不应上调或下浮。

⑤当招标控制价超过批准的概算时,招标人应将其报原概算审批部门审核。

⑥招标人应在发布招标文件时公布招标控制价,同时应将招标控制价及有关资料报送工程所在地或有该工程管辖权的行业管理部门工程造价管理机构备查。

从上述条款看出,新版清单计价规范与 2008 版计价规范相比,招标控制价的编制和复核依据基本一致,新版清单计价规范增加了依据,说明编制招标控制价时要充分考虑施工现场情况、工程特点及施工方案对措施项目费的影响。

另外,国有资金投资的建设工程招标,招标人必须编制招标控制价。作为强制性条款,与 2008 版清单计价规范"应编制招标控制价"相比,更强调了招标控制价编制的强制性。

新版清单增加了一项规定:工程造价咨询人接受招标人委托编制招标控制价,不得再对同一工程接受投标人委托编制投标报价。

总之,新版清单计价规范与2008版清单计价规范相比,更强调招标控制价编制的强制性。此外,将2008清单计价规范中的条文说明"工程造价咨询人不得同时接受招标人和投标人对同一工程的招标控制和投标报价的编制"作为正式条款规定,体现了对招标控制价编制人的严格要求。

2. 编制与复核

①招标控制价应根据下列依据编制与复核。

a. 本规范。

b. 国家或省级、行业建设主管部门颁发的计价定额和计价办法。

c. 建设工程设计文件及相关资料。

d. 拟定的招标文件及招标工程量清单。

e. 与建设项目相关的标准、规范、技术资料。

f. 施工现场情况、工程特点及常规施工方案。

g. 程造价管理机构发布的工程造价信息,当工程造价信息没有发布时,参照市场价。

h. 其他的相关资料。

②综合单价中应包括招标文件中划分的应由投标人承担的风险范围及其费用。招标文件中没有明确的,如是工程造价咨询人编制,应提请招标人明确;如是招标人编制,应予明确。

③分部分项工程和措施项目中的单价项目,应根据拟定的招标文件和招标工程量清单项目中的特征描述及有关要求确定综合单价计算。

④施项目中的总价项目应根据拟定的招标文件和常规施工方案按相应规范规定计价。

⑤其他项目应按下列规定计价:

a. 暂列金额应按招标工程量清单中列出的金额填写。

b. 暂估价中的材料、工程设备单价应按招标工程量清单中列出的单价计入综合单价。

c. 暂估价中的专业工程金额应按招标工程量清单中列出的金额填写。

d. 计日工应按招标工程量清单中列出的项目根据工程特点和有关计价依据确定综合单价计算。

e. 总承包服务费应根据招标工程量清单列出的内容和要求估算。

⑥规费和税金应按规定计算。

与2008版清单计价规范相比,招标控制价的编制和复核依据基本一致,新版清单增加了依据,说明编制招标控制价时要充分考虑施工现场情况、工程特点及施工方案对措施项目费的影响。

与2008版计价规范相比,对综合单价中的风险费用约定更加具体,要求招标人编制时要明确应由投标人承担的风险范围及其费用。

与2008清单计价规范相比,有两点变化,一是将其计价规则作了改变,将2008清单计价规范中笼统的"按有关计价规定估算或计算"改为"按工程清单中列出的金额或单价、项目或内容计算",二是将暂估价分为材料、工程设备暂估价和专业工程暂估价。

3. 投诉与处理

①投标人经复核认为招标人公布的招标控制价未按照本规范的规定进行编制的,应在招标控制价公布后 5 天内向招投标监督机构和工程造价管理机构投诉。

②投诉人投诉时,应当提交由单位盖章和法定代表人或其委托人签名或盖章的书面投诉书。投诉书应包括下列内容:

a. 投诉人与被投诉人的名称、地址及有效联系方式。

b. 投诉的招标工程名称、具体事项及理由。

c. 投诉依据及有关证明材料。

d. 相关的请求及主张。

③投诉人不得进行虚假、恶意投诉,阻碍招投标活动的正常进行。

④工程造价管理机构在接到投诉书后应在 2 个工作日内进行审查,对有下列情况之一的,不予受理:

a. 投诉人不是所投诉招标工程招标文件的收受人。

b. 投诉书提交的时间不符合规定的。

c. 投诉书不符合规定的。

d. 投诉事项已进入行政复议或行政诉讼程序的。

⑤工程造价管理机构应在不迟于结束审查的次日将是否受理投诉的决定书面通知投诉人、被投诉人以及负责该工程招投标监督的招投标管理机构。

⑥工程造价管理机构受理投诉后,应立即对招标控制价进行复查,组织投诉人、被投诉人或其委托的招标控制价编制人等单位人员对投诉问题逐一核对。有关当事人应当予以配合,并应保证所提供资料的真实性。

⑦工程造价管理机构应当在受理投诉的 10 天内完成复查,特殊情况下可适当延长,并作出书面结论通知投诉人、被投诉人及负责该工程招投标监督的招投标管理机构。

⑧当招标控制价复查结论与原公布的招标控制价误差大于±3%时,应当责成招标人改正。

⑨招标人根据招标控制价复查结论需要重新公布招标控制价的,其最终公布的时间至招标文件要求提交投标文件截止时间不足 15 天的,应相应延长投标文件的截止时间。

与 2008 版清单计价规范相比,新版清单中增加了多条有关投诉和处理的规定,说明新版清单更加注重对招标控制价的监督管理。

四、投标报价

1. 一般规定

①投标价应由投标人或受其委托具有相应资质的工程造价咨询人编制。

②投标人应依据规定自主确定投标报价。

③投标报价不得低于工程成本。

④投标人必须按招标工程量清单填报价格。项目编码、项目名称、项目特征、计量单位、工程量必须与招标工程量清单一致。

⑤投标人的投标报价高于招标控制价的应予废标。

2. 编制与复核

①投标报价应根据下列依据编制和复核。

a. 当前最新计价规范。

b. 国家或省级、行业建设主管部门颁发的计价办法。

c. 企业定额,国家或省级、行业建设主管部门颁发的计价定额和计价办法。

d. 招标文件、招标工程量清单及其补充通知、答疑纪要。

e. 建设工程设计文件及相关资料。

f. 施工现场情况、工程特点及投标时拟定的施工组织设计或施工方案。

g. 与建设项目相关的标准、规范等技术资料。

h. 市场价格信息或工程造价管理机构发布的工程造价信息。

i. 其他的相关资料。

②综合单价中应包括招标文件中划分的应由投标人承担的风险范围及其费用,招标文件中没有明确的,应提请招标人明确。

③分部分项工程和措施项目中的单价项目,应根据招标文件和招标工程量清单项目中的特征描述确定综合单价计算。

④措施项目中的总价项目金额应根据招标文件及投标时拟定的施工组织设计或施工方案,按规定自主确定。其中安全文明施工费应按照规范 GB50500—2013 规定确定。

⑤其他项目应按下列规定报价:

a. 暂列金额应按招标工程量清单中列出的金额填写。

b. 材料、工程设备暂估价应按招标工程量清单中列出的单价计入综合单价。

c. 专业工程暂估价应按招标工程量清单中列出的金额填写。

d. 计日工应按招标工程量清单中列出的项目和数量,自主确定综合单价并计算计日工金额。

e. 总承包服务费应根据招标工程量清单中列出的内容和提出的要求自主确定。

⑥规费和税金应按规定确定。

⑦招标工程量清单与计价表中列明的所有需要填写单价和合价的项目,投标人均应填写且只允许有一个报价。未填写单价和合价的项目,可视为此项费用已包含在已标价工程量清单中其他项目的单价和合价之中。当竣工结算时,此项目不得重新组价予以调整。

⑧投标总价应当与分部分项工程费、措施项目费、其他项目费和规费、税金的合计金额一致。

规范规定了"投标人可根据工程实际情况结合施工组织设计,对招标人所列的措施项目进行增补"。而新版清单计价规范仅对措施项目的报价进行了规定,并未有承包商应对招标人所列的措施项目进行增补的规定。因此,在新版清单计价规范下,承包人为避免损失,应在投标报价时对工程清单中未列出而已方在施工中会涉及的措施项目补剂并确定报价。上述规定表明了编制投标报价时,材料、工程设备暂估单价必须按照招标人提供的暂估单价计入分部分项工程费用中的综合单价;专业工程暂估价必须按照招标人提供的其他项目清单中列出的金额填写。为方便合同管理,需要纳入分部分项工程量清单项目综合单价中的暂估价应只是材料费。

五、合同价款约定

1. 一般规定

①实行招标的工程合同价款应在中标通知书发出之日起 30 天内,由发承包双方依据招

标文件和中标人的投标文件在书面合同中约定。

合同约定不得违背招标、投标文件中关于工期、造价、质量等方面的实质性内容。招标文件与中标人投标文件不一致的地方,应以投标文件为准。

②不实行招标的工程合同价款,应在发承包双方认可的工程价款基础上,由发承包双方在合同中约定。

③实行工程量清单计价的工程,应采用单价合同;建设规模较小,技术难度较低,工期较短,且施工图设计已审查批准的建设工程可采用总价合同;紧急抢险、救灾以及施工技术特别复杂的建设工程可采用成本加酬金合同。

上述条文表明投标人对于招标文件遗漏的子项,应在投标文件中说明,以减少结算时不必要的纠纷。

新版清单计价规范与2008清单计价规范在合同计价方式面存在部分差别,具体体现在:新版清单计价规范实行工程量清单计价应采用综合单价法,其中不仅包括分部分项工程,还包括以量计价或以项计价的措施项目,而2008版清单计价规范则仅包含分部分项工程的计价规定。此强制性条款的规定进一步拓宽了综合单价计价的范围。

2. 约定内容

①发承包双方应在合同条款中对下列事项进行约定:

a. 预付工程款的数额、支付时间及抵扣方式。

b. 安全文明施工措施的支付计划,使用要求等。

c. 工程计量与支付工程进度款的方式、数额及时间。

d. 工程价款的调整因素、方法、程序、支付及时间。

e. 施工索赔与现场签证的程序、金额确认与支付时间。

f. 承担计价风险的内容、范围以及超出约定内容、范围的调整办法。

g. 工程竣工价款结算编制与核对、支付及时间。

h. 工程质量保证金的数额、预留方式及时间。

i. 违约责任以及发生合同价款争议的解决方法及时间。

j. 与履行合同、支付价款有关的其他事项等。

②合同中没有按照要求约定或约定不明的,若发承包双方在合同履行中发生争议由双方协商确定;当协商不能达成一致时,应按本规范的规定执行。

六、工程计量

1. 一般规定

①工程量必须按照相关工程现行国家计量规范规定的工程量计算规则计算。

②工程计量可选择按月或按工程形象进度分段计量,具体计量周期应在合同中约定。

③因承包人原因造成的超出合同工程范围施工或返工的工程量,发包人不予计量。

④成本加酬金合同应按规范(GB 50500—2013)第8.2节的规定计量。

2. 单价合同的计量

①工程量必须以承包人完成合同工程应予计量的工程量确定。

②施工中进行工程计量,当发现招标工程量清单中出现缺项、工程量偏差,或因工程变更引起工程量增减时,应按承包人在履行合同义务中完成的工程量计算。

③承包人应当按照合同约定的计量周期和时间向发包人提交当期已完工程量报告。发

包人应在收到报告后 7 天内核实,并将核实计量结果通知承包人。发包人未在约定时间内进行核实的,承包人提交的计量报告中所列的工程量应视为承包人实际完成的工程量。

④发包人认为需要进行现场计量核实时,应在计量前 24 小时通知承包人,承包人应为计量提供便利条件并派人参加。当双方均同意核实结果时,双方应在上述记录上签字确认。承包人收到通知后不派人参加计量,视为认可发包人的计量核实结果。发包人不按照约定时间通知承包人,致使承包人未能派人参加计量,计量核实结果无效。

⑤当承包人认为发包人核实后的计量结果有误时,应在收到计量结果通知后的 7 天内向发包人提出书面意见,并应附上其认为正确的计量结果和详细的计算资料。发包人收到书面意见后,应在 7 天内对承包人的计量结果进行复核后通知承包人。承包人对复核计量结果仍有异议的,按照合同约定的争议解决办法处理。

⑥承包人完成已标价工程量清单中每个项目的工程量并经发包人核实无误后,发承包双方应对每个项目的历次计量报表进行汇总,以核实最终结算工程量,并应在汇总表上签字确认。

3. 总价合同的计量

①采用工程量清单方式招标形成的总价合同,其工程量应按照规范 GB 50500—2013 第 8.2 节的规定计算。

②采用经审定批准的施工图纸及其预算方式发包形成的总价合同,除按照工程变更规定的工程量增减外,总价合同各项目的工程量应为承包人用于结算的最终工程量。

③总价合同约定的项目计量应以合同工程经审定批准的施工图纸为依据,发承包双方应在合同中约定工程计量的形象目标或时间节点进行计量。

④承包人应在合同约定的每个计量周期内对已完成的工程进行计量,并向发包人提交达到工程形象目标完成的工程量和有关计量资料的报告。

⑤发包人应在收到报告后 7 天内对承包人提交的上述资料进行复核,以确定实际完成的工程量和工程形象目标。对其有异议的,应通知承包人进行共同复核。

从工程计量规定表明了新版清单沿用了 2008 版清单计价规范关于工程变更量的确定的规定,即应按照承包人在变更项目中实际完成的工程量计算。变更综合单价的确定。

七、合同价款调整

1. 一般规定

①下列事项(但不限于)发生,发承包双方应当按照合同约定调整合同价款:

a. 法律法规变化。

b. 工程变更。

c. 项目特征不符。

d. 工程量清单缺项。

e. 工程量偏差。

f. 计日工。

g. 物价变化。

h. 暂估价。

i. 不可抗力。

j. 提前竣工(赶工补偿)。

k. 误期赔偿。

l. 索赔。

m. 现场签证。

n. 暂列金额。

o. 发承包双方约定的其他调整事项。

②出现合同价款调增事项(不含工程量偏差、计日工、现场签证、索赔)后的 14 天内,承包人应向发包人提交合同价款调增报告并附上相关资料;承包人在 14 天内未提交合同价款调增报告的,应视为承包人对该事项不存在调整价款请求。

③出现合同价款调减事项(不含工程量偏差、索赔)后的 14 天内,发包人应向承包人提交合同价款调减报告并附相关资料;发包人在 14 天内未提交合同价款调减报告的,应视为发包人对该事项不存在调整价款请求。

④发(承)包人应在收到承(发)包人合同价款调增(减)报告及相关资料之日起 14 天内对其核实,予以确认的应书面通知承(发)包人。当有疑问时,应向承(发)包人提出协商意见。发(承)包人在收到合同价款调增(减)报告之日起 14 天内未确认也未提出协商意见的,应视为承(发)包人提交的合同价款调增(减)报告已被发(承)包人认可。发(承)包人提出协商意见的,承(发)包人应在收到协商意见后的 14 天内对其核实,予以确认的应书面通知发(承)包人。承(发)包人在收到发(承)包人的协商意见后 14 天内既不确认也未提出不同意见的,应视为发(承)包人提出的意见已被承(发)包人认可。

⑤发包人与承包人对合同价款调整的不同意见不能达成一致的,只要对发承包双方履约不产生实质影响,双方应继续履行合同义务,直到其按照合同约定的争议解决方式得到处理。

⑥经发承包双方确认调整的合同价款,作为追加(减)合同价款,应与工程进度款或结算款同期支付。与 2008 版清单计价规范中对于法律变化类风险分担一致:即法律、法规、规章或有关政策出台导致工程税金、规费、人工单价发生变化,由省级、行业建设行政主管部门或其授权的工程造价管理机构据此发布的规定调整,承包人不承担此类风险;但新版清单增加了因承包人导致工期延误,且规定的调整时间在合同工程原定竣工时间之后,不予调整增加的价款。

2. 法律法规变化

①招标工程以投标截止日前 28 天、非招标工程以合同签订前 28 天为基准日,其后因国家的法律、法规、规章和政策发生变化引起工程造价增减变化的,发承包双方应按照省级或行业建设主管部门或其授权的工程造价管理机构据此发布的规定调整合同价款。

②因承包人原因导致工期延误的,按(GB 50500—2013)规范第 9.2.1 条规定的调整时间,在合同工程原定竣工时间之后,合同价款调增的不予调整,合同价款调减的予以调整。

3. 工程变更

①因工程变更引起已标价工程量清单项目或其工程数量发生变化时,应按照下列规定调整:

a. 已标价工程量清单中有适用于变更工程项目的,应采用该项目的单价;但当工程变更导致该清单项目的工程数量发生变化,且工程量偏差超过 15% 时,该项目单价应按照本规范规定调整。

b. 已标价工程量清单中没有适用但有类似于变更工程项目的,可在合理范围内参照类似项目的单价。

c. 已标价工程量清单中没有适用也没有类似于变更工程项目的,应由承包人根据变更工程资料、计量规则和计价办法、工程造价管理机构发布的信息价格和承包人报价浮动率提出变更工程项目的单价,并应报发包人确认后调整。承包人报价浮动率可按下列公式计算:

招标工程:

$$承包人报价浮动率\ L=(1-中标价/招标控制价)\times100\%$$

非招标工程:

$$承包人报价浮动率\ L=(1-报价/施工图预算)\times100\%$$

d. 已标价工程量清单中没有适用也没有类似于变更工程项目,且工程造价管理机构发布的信息价格缺价的,应由承包人根据变更工程资料、计量规则、计价办法和通过市场调查等取得有合法依据的市场价格提出变更工程项目的单价,并应报发包人确认后调整。

②工程变更引起施工方案改变并使措施项目发生变化时,承包人提出调整措施项目费的,应事先将拟实施的方案提交发包人确认,并应详细说明与原方案措施项目相比的变化情况。拟实施的方案经发承包双方确认后执行,并应按照下列规定调整措施项目费:

a. 安全文明施工费应按照实际发生变化的措施项目依据规范 GB50500—2013 第3.1.5 条的规定计算。

b. 采用单价计算的措施项目费,应按照实际发生变化的措施项目,按规范 GB50500—2013 第9.3.1 条的规定确定单价。

c. 按总价(或系数)计算的措施项目费,按照实际发生变化的措施项目调整,但应考虑承包人报价浮动因素,即调整金额按照实际调整金额乘以规范 GB 50500—2013 第 9.3.1 条规定的承包人报价浮动率计算。

如果承包人未事先将拟实施的方案提交给发包人确认,则应视为工程变更不引起措施项目费的调整或承包人放弃调整措施项目费的权利。

d. 当发包人提出的工程变更因非承包人原因删减了合同中的某项原定工作或工程,致使承包人发生的费用或(和)得到的收益不能被包括在其他已支付或应支付的项目中,也未被包含在任何替代的工作或工程中时,承包人有权提出并应得到合理的费用及利润补偿。

对上述条文理解要点为:

此条款针对已标价工程量清单存在适用项目以及类似项目的情形;

若已标价工程量清单中适用或类似项目单价与招标控制价项目清单项目单位偏差幅度超过 15% 时,已标价工程量清单中的适用或类似项目不能作为变更项目综合单价;

由发承包双方重新确定此类变更项目综合单价,但是确定方法新版清单并未规定,发承包双方可在合同中约定。其中,新增的条文详细规定了因工程变更及工程量清单缺项导致的调整措施项目费与新增措施项目费的计算原则与计算方法。

按照新版清单规定,此类变更项目费用确定方法如下,即:

工程结算的措施项目费=工程量清单中填报的措施项目费±工程变更部分的措施项目费×承包人报价浮动率

4. 项目特征不符

①发包人在招标工程量清单中对项目特征的描述,应被认为是准确的和全面的,并且与

实际施工要求相符合。承包人应按照发包人提供的招标工程量清单,根据项目特征描述的内容及有关要求实施合同工程,直到项目被改变为止。

②承包人应按照发包人提供的设计图纸实施合同工程,若在合同履行期间出现设计图纸(含设计变更)与招标工程量清单任一项目的特征描述不符,且该变化引起该项目工程造价增减变化的,应按照实际施工的项目特征,按新规定重新确定相应工程量清单项目的综合单价,并调整合同价款。

新版清单对于"项目特征描述不符"引起的价款调整的规定比 2008 版清单计价规范更加强调了"项目特征描述不符"为业主方的责任,调整原则与 2008 版清单计价规范相同,即按照实际施工的项目特征(新的项目特征)重新确定综合单价。

根据 2013 版清单计价规范的规定,可知"项目特征描述不符"引起的价款调整,可直接调整项目综合单价,其价款确定原则按照变更价款确定原则实施。

5. 工程量清单缺项

①合同履行期间,由于招标工程量清单中缺项,新增分部分项工程清单项目的,应按照规范(GB 50500—2013)第 9.3.1 条的规定确定单价,并调整合同价款。

②新增分部分项工程清单项目后,引起措施项目发生变化的,在承包人提交的实施方案被发包人批准后调整合同价款。

③由于招标工程量清单中措施项目缺项,承包人应将新增措施项目实施方案提交发包人批准后,按照规定调整合同价款。

与 2008 版清单计价规范关于工程量清单缺项引起的新增分部分项清单项目的变更价款确定一致,由于招标人应对招标文件中工程量清单的准确性和完整性负责,故工程量缺项导致的变更引起合同价款的增减,应由业主承担此类风险。

与 2008 版清单计价规范关于工程量清单缺项引起的新增措施项目的规定类似,均由承包人根据措施项目变更的情况,拟定实施方案被发包人批准后予以调整。因此,由于工程缺项或变更部分引起的措施项目费变化,应由业主承担相应责任,并支付承包商因施工增加的费用。

6. 工程量偏差

①合同履行期间,当应予计算的实际工程量与招标工程量清单出现偏差,且符合规定时,发承包双方应调整合同价款。

②对于任一招标工程量清单项目,当因规定的工程量偏差和规定的工程变更等原因导致工程量偏差超过 15% 时,可进行调整。当工程量增加 15% 以上时,增加部分的工程量的综合单价应予调低;当工程量减少 15% 以上时,减少后剩余部分的工程量的综合单价应予调高。

③当工程量出现变化,且该变化引起相关措施项目相应发生变化时,按系数或单一总价方式计价的,工程量增加的措施项目费调增,工程量减少的措施项目费调减。

与 2008 版清单计价规范对比,新版清单计价规范明确了工程量偏差的幅度范围,且将幅度明确调整至 ±15%。由于工程量据实计量,故工程量偏差的风险由业主承担,即业主承担工程量偏差 ±15% 以外引起的价款调整风险,承包商承担 ±15% 以内的风险。

7. 计日工

①发包人通知承包人以计日工方式实施的零星工作,承包人应予执行。

②采用计日工计价的任何一项变更工作,在该项变更的实施过程中,承包人应按合同约定提交下列报表和有关凭证送发包人复核:

a. 工作名称、内容和数量。

b. 投入该工作所有人员的姓名、工种、级别和耗用工时。

c. 投入该工作的材料名称、类别和数量。

d. 投入该工作的施工设备型号、台数和耗用台时。

e. 发包人要求提交的其他资料和凭证。

③任一计日工项目持续进行时,承包人应在该项工作实施结束后的 24 小时内向发包人提交有计日工记录汇总的现场签证报告一式三份。发包人在收到承包人提交现场签证报告后的 2 天内予以确认并将其中一份返还给承包人,作为计日工计价和支付的依据。发包人逾期未确认也未提出修改意见的,应视为承包人提交的现场签证报告已被发包人认可。

④任一计日工项目实施结束后,承包人应按照确认的计日工现场签证报告核实该类项目的工程数量,并应根据核实的工程数量和承包人已标价工程量清单中的计日工单价计算,提出应付价款;已标价工程量清单中没有该类计日工单价的,由发承包双方按规定商定计日工单价计算。

⑤每个支付期末,承包人应按照规定向发包人提交本期间所有计日工记录的签证汇总表,并应说明本期间自己认为有权得到的计日工金额,调整合同价款,列入进度款支付。

8. 物价变化

①合同履行期间,因人工、材料、工程设备、机械台班价格波动影响合同价款时,应根据合同约定,按本规范(GB 50500—2013)附录 A 的方法之一调整合同价款。

②承包人采购材料和工程设备的,应在合同中约定主要材料、工程设备价格变化的范围或幅度;当没有约定,且材料、工程设备单价变化超过 5% 时,超过部分的价格应按照规范(GB 50500—2013)附录 A 的方法计算调整材料、工程设备费。

③发生合同工程工期延误的,应按照下列规定确定合同履行期的价格调整:

a. 因非承包人原因导致工期延误的,计划进度日期后续工程的价格,应采用计划进度日期与实际进度日期两者的较高者。

b. 因承包人原因导致工期延误的,计划进度日期后续工程的价格,应采用计划进度日期与实际进度日期两者的较低者。

④发包人供应材料和工程设备的,不适用规定的,应由发包人按照实际变化调整,列入合同工程的工程造价内。

上述条款与 2008 版计价规范相比表明,新版计价规范对物价波动类风险的范围及幅度进行了具体的约定,将引起价款调整的材料、工程设备单价变化幅度具体约定为 5%。其中约定风险分担的幅度与 2008 版计价规范条文说明"发包人应承担 5% 以外的材料价格风险,10% 以外的施工机械使用费的风险相一致;承包人可承担 5% 以内的材料价格风险,10% 以内的施工机械使用费的风险"中关于材料价格的风险幅度一致。

9. 暂估价

①发包人在招标工程量清单中给定暂估价的材料、工程设备属于依法必须招标的,应由发承包双方以招标的方式选择供应商,确定价格,并应以此为依据取代暂估价,调整合同价款。

②发包人在招标工程量清单中给定暂估价的材料、工程设备不属于依法必须招标的,应由承包人按照合同约定采购,经发包人确认单价后取代暂估价,调整合同价款。

③发包人在工程量清单中给定暂估价的专业工程不属于依法必须招标的,应按照相应条款的规定确定专业工程价款,并应以此为依据取代专业工程暂估价,调整合同价款。

④发包人在招标工程量清单中给定暂估价的专业工程,依法必须招标的,应当由发承包双方依法组织招标选择专业分包人,并接受有管辖权的建设工程招标投标管理机构的监督,还应符合下列要求:

a. 除合同另有约定外,承包人不参加投标的专业工程发包招标,应由承包人作为招标人,但拟定的招标文件、评标工作、评标结果应报送发包人批准。与组织招标工作有关的费用应当被认为已经包括在承包人的签约合同价(投标总报价)中。

b. 承包人参加投标的专业工程发包招标,应由发包人作为招标人,与组织招标工作有关的费用由发包人承担。同等条件下,应优先选择承包人中标。

c. 应以专业工程发包中标价为依据取代专业工程暂估价,调整合同价款。

10. 不可抗力

①因不可抗力事件导致的人员伤亡、财产损失及其费用增加,发承包双方应按下列原则分别承担并调整合同价款和工期:

a. 合同工程本身的损害、因工程损害导致第三方人员伤亡和财产损失以及运至施工场地用于施工的材料和待安装的设备的损害,应由发包人承担。

b. 发包人、承包人人员伤亡应由其所在单位负责,并应承担相应费用。

c. 包人的施工机械设备损坏及停工损失,应由承包人承担。

d. 停工期间,承包人应发包人要求留在施工场地的必要的管理人员及保卫人员的费用应由发包人承担。

e. 工程所需清理、修复费用,应由发包人承担。

②不可抗力解除后复工的,若不能按期竣工,应合理延长工期。发包人要求赶工的,赶工费用应由发包人承担。

③因不可抗力解除合同的,应按新规定办理。

上述条款表明新版计价规范较之 2008 版计价规范在因不可抗力事件导致的人员伤亡、财产损失及其费用增加,承发包双方的承担原因无改变,但增加对不可抗力解除后复工应发包人要求赶工造成的赶工费承担原因,以及因不可抗力解除合同的处理办法。

11. 提前竣工(赶工补偿)

①招标人应依据相关工程的工期定额合理计算工期,压缩的工期天数不得超过定额工期的 20%,超过者,应在招标文件中明示增加赶工费用。

②发包人要求合同工程提前竣工的,应征得承包人同意后与承包人商定采取加快工程进度的措施,并应修订合同工程进度计划。发包人应承担承包人由此增加的提前竣工(赶工补偿)费用。

③发承包双方应在合同中约定提前竣工每日历天应补偿额度,此项费用应作为增加合同价款列入竣工结算文件中,应与结算款一并支付。

提前竣工(赶工补偿)是在"新版清单"中新增的部分,其他相关文件中与提前竣工相关的规定如下表所示。

在此基础上,"新版清单"对提前竣工引起的价款调整做了更为详细的规定。

【示例】　某建设工程项目,采用工程量清单计价方式招标,发包人与承包人签订了施工合同,合同工期为550天。施工合同中约定发包人要求合同工程每提前竣工2天,应补偿承包人8000元(含税金)的赶工补偿费。实际施工过程中,发包方因市场需求要求工程提前11天竣工,请问此项目的赶工补偿费如何支付?

【解析】　此工程提前完工是发包人提前竣工的需求,需要承包人重新确定施工进度计划,由于承包人为此提前竣工的实施,单位工日内投入了更多的人力和设备等资源来赶工,需要发包人给以相应的赶工补偿,按照合同约定每提前完工一天,发包人补偿承包人8000元的赶工补偿费。按照合同约定的赶工补偿标准以及实际施工过程中的赶工时段,计算该工程的赶工补偿费=8000元/天×11天=88000元

12. 误期赔偿

①承包人未按照合同约定施工,导致实际进度迟于计划进度的,承包人应加快进度,实现合同工期。

合同工程发生误期,承包人应赔偿发包人由此造成的损失,并应按照合同约定向发包人支付误期赔偿费。即使承包人支付误期赔偿费,也不能免除承包人按照合同约定应承担的任何责任和应履行的任何义务。

②发承包双方应在合同中约定误期赔偿费,并应明确每日历天应赔额度。误期赔偿费应列入竣工结算文件中,并应在结算款中扣除。

③在工程竣工之前,合同工程内的某单项(位)工程已通过了竣工验收,且该单项(位)工程接收证书中表明的竣工日期并未延误,而是合同工程的其他部分产生了工期延误时,误期赔偿费应按照已颁发工程接收证书的单项(位)工程造价占合同价款的比例幅度予以扣减。

上述条款规定,承包人没有按期完工应向发包人支付误期赔偿,同时规定了支付误期赔偿的标准以及误期赔偿费应在结算款中扣除。若在整个工程的竣工期限之前,已有部分工程按期签发了接收证书,则剩余工程的误期赔偿金额应按比例折减。可见,误期赔偿属于业主索赔的范畴,是指对业主实际损失费的计算,而不是罚款。误期赔偿中关键是要区分误期赔偿和罚款的区别;误期赔偿费的计算。

13. 索赔

①当合同一方向另一方提出索赔时,应有正当的索赔理由和有效证据,并应符合合同的相关约定。

②根据合同约定,承包人认为非承包人原因发生的事件造成了承包人的损失,应按下列程序向发包人提出索赔:

a. 承包人应在知道或应当知道索赔事件发生后28天内,向发包人提交索赔意向通知书,说明发生索赔事件的事由。承包人逾期未发出索赔意向通知书的,丧失索赔的权利。

b. 承包人应在发出索赔意向通知书后28天内,向发包人正式提交索赔通知书。索赔通知书应详细说明索赔理由和要求,并应附必要的记录和证明材料。

c. 索赔事件具有连续影响的,承包人应继续提交延续索赔通知,说明连续影响的实际情况和记录。

d. 在索赔事件影响结束后的28天内,承包人应向发包人提交最终索赔通知书,说明最终索赔要求,并应附必要的记录和证明材料。

③承包人索赔应按下列程序处理：

a. 发包人收到承包人的索赔通知书后，应及时查验承包人的记录和证明材料。

b. 发包人应在收到索赔通知书或有关索赔的进一步证明材料后的 28 天内，将索赔处理结果答复承包人，如果发包人逾期未作出答复，视为承包人索赔要求已被发包人认可。

c. 承包人接受索赔处理结果的，索赔款项应作为增加合同价款，在当期进度款中进行支付；承包人不接受索赔处理结果的，应按合同约定的争议解决方式办理。

④承包人要求赔偿时，可以选择下列一项或几项方式获得赔偿。

a. 延长工期。

b. 要求发包人支付实际发生的额外费用。

c. 要求发包人支付合理的预期利润。

d. 要求发包人按合同的约定支付违约金。

⑤当承包人的费用索赔与工期索赔要求相关联时，发包人在作出费用索赔的批准决定时，应结合工程延期，综合作出费用赔偿和工程延期的决定。

⑥发承包双方在按合同约定办理了竣工结算后，应被认为承包人已无权再提出竣工结算前所发生的任何索赔。承包人在提交的最终结清申请中，只限于提出竣工结算后的索赔，提出索赔的期限应自发承包双方最终结清时终止。

⑦根据合同约定，发包人认为由于承包人的原因造成发包人的损失，宜按承包人索赔的程序进行索赔。

⑧发包人要求赔偿时，可以选择下列一项或几项方式获得赔偿。

a. 延长质量缺陷修复期限。

b. 要求承包人支付实际发生的额外费用。

c. 要求承包人按合同的约定支付违约金。

⑨承包人应付给发包人的索赔金额可从拟支付给承包人的合同价款中扣除，或由承包人以其他方式支付给发包人。

上述条款表明新版清单对索赔的规定更加明确具体，更具操作性。但其对于可索赔的事项、索赔值的计算仍未做规定。因此，在实际索赔中，应结合具体的合同中索赔条款，提出合理的索赔理由。

14. 现场签证

①承包人应发包人要求完成合同以外的零星项目、非承包人责任事件等工作的，发包人应及时以书面形式向承包人发出指令，并应提供所需的相关资料；承包人在收到指令后，应及时向发包人提出现场签证要求。

②承包人应在收到发包人指令后的 7 天内向发包人提交现场签证报告，发包人应在收到现场签证报告后的 48 小时内对报告内容进行核实，予以确认或提出修改意见。发包人在收到承包人现场签证报告后的 48 小时内未确认也未提出修改意见的，应视为承包人提交的现场签证报告已被发包人认可。

③现场签证的工作如已有相应的计日工单价，现场签证中应列明完成该类项目所需的人工、材料、工程设备和施工机械台班的数量。

如现场签证的工作没有相应的计日工单价，应在现场签证报告中列明完成该签证工作所需的人工、材料设备和施工机械台班的数量及单价。

④合同工程发生现场签证事项,未经发包人签证确认,承包人便擅自施工的,除非征得发包人书面同意,否则发生的费用应由承包人承担。

⑤现场签证工作完成后的 7 天内,承包人应按照现场签证内容计算价款,报送发包人确认后,作为增加合同价款,与进度款同期支付。

⑥在施工过程中,当发现合同工程内容因场地条件、地质水文、发包人要求等不一致时,承包人应提供所需的相关资料,并提交发包人签证认可,作为合同价款调整的依据。

15. 暂列金额

①已签约合同价中的暂列金额应由发包人掌握使用。

②发包人按照规定支付后,暂列金额余额应归发包人所有。

上述条款表明:暂列金额使用权,强调暂列金额需由发包人作出指示后方可使用;价款调整因素发生时,才可使用暂列金额。

八、合同价款期中支付

1. 预付款

①承包人应将预付款专用于合同工程。

②包工包料工程的预付款的支付比例不得低于签约合同价(扣除暂列金额)的 10%,不宜高于签约合同价(扣除暂列金额)的 30%。

③承包人应在签订合同或向发包人提供与预付款等额的预付款保函后向发包人提交预付款支付申请。

④发包人应在收到支付申请的 7 天内进行核实,向承包人发出预付款支付证书,并在签发支付证书后的 7 天内向承包人支付预付款。

⑤发包人没有按合同约定按时支付预付款的,承包人可催告发包人支付;发包人在预付款期满后的 7 天内仍未支付的,承包人可在付款期满后的第 8 天起暂停施工。发包人应承担由此增加的费用和延误的工期,并应向承包人支付合理利润。

⑥预付款应从每一个支付期应支付给承包人的工程进度款中扣回,直到扣回的金额达到合同约定的预付款金额为止。

⑦承包人的预付款保函的担保金额根据预付款扣回的数额相应递减,但在预付款全部扣回之前一直保持有效。发包人应在预付款扣完后的 14 天内将预付款保函退还给承包人。

2. 安全文明施工费

①安全文明施工费包括的内容和使用范围,应符合国家有关文件和计量规范的规定。

②发包人应在工程开工后的 28 天内预付不低于当年施工进度计划的安全文明施工费总额的 60%,其余部分应按照提前安排的原则进行分解,并应与进度款同期支付。

③发包人没有按时支付安全文明施工费的,承包人可催告发包人支付;发包人在付款期满后的 7 天内仍未支付的,若发生安全事故,发包人应承担相应责任。

④承包人对安全文明施工费应专款专用,在财务账目中应单独列项备查,不得挪作他用,否则发包人有权要求其限期改正;逾期未改正的,造成的损失和延误的工期应由承包人承担。

3. 进度款

①发承包双方应按照合同约定的时间、程序和方法,根据工程计量结果,办理期中价款结算,支付进度款。

②进度款支付周期应与合同约定的工程计量周期一致。

③已标价工程量清单中的单价项目,承包人应按工程计量确认的工程量与综合单价计算;综合单价发生调整的,以发承包双方确认调整的综合单价计算进度款。

④已标价工程量清单中的总价项目和按照规定形成的总价合同,承包人应按合同中约定的进度款支付分解,分别列入进度款支付申请中的安全文明施工费和本周期应支付的总价项目的金额中。

⑤发包人提供的甲供材料金额,应按照发包人签约提供的单价和数量从进度款支付中扣除,列入本周期应扣减的金额中。

⑥承包人现场签证和得到发包人确认的索赔金额应列入本周期应增加的金额中。

⑦进度款的支付比例按照合同约定,按期中结算价款总额计,不低于60%,不高于90%。

⑧承包人应在每个计量周期到期后的7天内向发包人提交已完工程进度款支付申请一式四份,详细说明此周期认为有权得到的款额,包括分包人已完工程的价款。支付申请应包括下列内容:

a. 累计已完成的合同价款。

b. 累计已实际支付的合同价款。

c. 本周期合计完成的合同价款。

本周期已完成单价项目的金额。

本周期应支付的总价项目的金额。

本周期已完成的计日工价款。

本周期应支付的安全文明施工费。

本周期应增加的金额。

d. 本周期合计应扣减的金额:

本周期应扣回的预付款。

本周期应扣减的金额。

本周期实际应支付的合同价款。

⑨发包人应在收到承包人进度款支付申请后的14天内,根据计量结果和合同约定对申请内容予以核实,确认后向承包人出具进度款支付证书。若发承包双方对部分清单项目的计量结果出现争议,发包人应对无争议部分的工程计量结果向承包人出具进度款支付证书。

⑩发包人应在签发进度款支付证书后的14天内,按照支付证书列明的金额向承包人支付进度款。

⑪若发包人逾期未签发进度款支付证书,则视为承包人提交的进度款支付申请已被发包人认可,承包人可向发包人发出催告付款的通知。发包人应在收到通知后的14天内,按照承包人支付申请的金额向承包人支付进度款。

⑫发包人未按照规定支付进度款的,承包人可催告发包人支付,并有权获得延迟支付的利息;发包人在付款期满后的7天内仍未支付的,承包人可在付款期满后的第8天起暂停施工。发包人应承担由此增加的费用和延误的工期,向承包人支付合理利润,并应承担违约责任。

⑬发现已签发的任何支付证书有错、漏或重复的数额,发包人有权予以修正,承包人也

有权提出修正申请。经发承包双方复核同意修正的,应在本次到期的进度款中支付或扣除。

新版清单新增条款对预付款支付额度进行规定,这与《2008清单规范条文解释》及《建设工程价款结算暂行办法》第三章第十二条(一)中支付额度的规定一致:包工包料工程的预付款的支付比例不得低于签约合同价(扣除暂列金额)的10%,不宜高于签约合同价(扣除暂列金额)的30%。表明发、承包双方在施工合同中应约定承包人在收到预付款前是否需要向发包人提交预付款保函、预付款保函的形式、预付款保函的担保金额、担保金额是否允许根据预付款扣回的数额相应递减等内容。一般预付款保函金额始终保持与预付款等额,即随着承包人对预付款的偿还逐渐递减保函金额。

九、竣工结算与支付

1. 一般规定

①工程完工后。发承包双方必须在合同约定时间内办理工程竣工结算。

②工程竣工结算应由承包人或受其委托具有相应资质的工程造价咨询人编制,并应由发包人或受其委托具有相应资质的工程造价咨询人核对。

③当发承包双方或一方对工程造价咨询人出具的竣工结算文件有异议时,可向工程造价管理机构投诉,申请对其进行执业质量鉴定。

④工程造价管理机构对投诉的竣工结算文件进行质量鉴定,宜按相关规定进行。

⑤竣工结算办理完毕,发包人应将竣工结算文件报送工程所在地或有该工程管辖权的行业管理部门的工程造价管理机构备案,竣工结算文件应作为工程竣工验收备案、交付使用的必备文件。

2. 编制与复核

①工程竣工结算应根据下列依据编制和复核:

a. 当前最新计价规范。

b. 工程合同。

c. 发承包双方实施过程中已确认的工程量及其结算的合同价款。

d. 发承包双方实施过程中已确认调整后追加(减)的合同价款。

e. 建设工程设计文件及相关资料。

f. 投标文件。

g. 其他依据。

②分部分项工程和措施项目中的单价项目应依据发承包双方确认的工程量与已标价工程量清单的综合单价计算;发生调整的,应以发承包双方确认调整的综合单价计算。

③措施项目中的总价项目应依据已标价工程量清单的项目和金额计算;发生调整的,应以发承包双方确认调整的金额计算,其中安全文明施工费应按规定计算。

④其他项目应按下列规定计价:

a. 计日工应按发包人实际签证确认的事项计算。

b. 暂估价应按规定计算。

c. 总承包服务费应依据已标价工程量清单金额计算;发生调整的,应以发承包双方确认调整的金额计算。

d. 索赔费用应依据发承包双方确认的索赔事项和金额计算。

e. 现场签证费用应依据发承包双方签证资料确认的金额计算。

f. 暂列金额应减去合同价款调整(包括索赔、现场签证)金额计算,如有余额归发包人。

⑤规费和税金应按规定计算。规费中的工程排污费应按工程所在地环境保护部门规定的标准缴纳后按实列入。

⑥发承包双方在合同工程实施过程中已经确认的工程计量结果和合同价款,在竣工结算办理中应直接进入结算。

上述条表明简化结算过程,只需将其中历次支付直接汇总编入结算资料。新版《计价规范》与《标准施工招标文件》在最终结清程序上具有一致性。

如果发包人不按期支付最终结清款,承包人可催告其支付,并有权要求其支付相应的延迟支付利息。如果在合同约定的缺陷责任期内出现承包人原因导致的工程缺陷,承包人未对其修复,发包人对其修复的费用又超过了扣留的质量保证金,则发包人在支付最终结清款时可以扣减工程缺陷修复的不足部分。如果承包人对发包人支付的最终结清款有异议,可以按照合同约定的争议处理方式解决。

3. 竣工结算

①合同工程完工后,承包人应在经发承包双方确认的合同工程期中价款结算的基础上汇总编制完成竣工结算文件,应在提交竣工验收申请的同时向发包人提交竣工结算文件。

承包人未在合同约定的时间内提交竣工结算文件,经发包人催告后 14 天内仍未提交或没有明确答复的,发包人有权根据已有资料编制竣工结算文件,作为办理竣工结算和支付结算款的依据,承包人应予以认可。

②发包人应在收到承包人提交的竣工结算文件后的 28 天内核对。发包人经核实,认为承包人还应进一步补充资料和修改结算文件,应在上述时限内向承包人提出核实意见,承包人在收到核实意见后的 28 天内应按照发包人提出的合理要求补充资料,修改竣工结算文件,并应再次提交给发包人复核后批准。

③发包人应在收到承包人再次提交的竣工结算文件后的 28 天内予以复核,将复核结果通知承包人,并应遵守下列规定:

a. 发包人、承包人对复核结果无异议的,应在 7 天内在竣工结算文件上签字确认,竣工结算办理完毕。

b. 发包人或承包人对复核结果认为有误的,无异议部分按照规定办理不完全竣工结算;有异议部分由发承包双方协商解决;协商不成的,应按照合同约定的争议解决方式处理。

④发包人在收到承包人竣工结算文件后的 28 天内,不核对竣工结算或未提出核对意见的,应视为承包人提交的竣工结算文件已被发包人认可,竣工结算办理完毕。

⑤承包人在收到发包人提出的核实意见后的 28 天内,不确认也未提出异议的,应视为发包人提出的核实意见已被承包人认可,竣工结算办理完毕。

⑥发包人委托工程造价咨询人核对竣工结算的,工程造价咨询人应在 28 天内核对完毕,核对结论与承包人竣工结算文件不一致的,应提交给承包人复核;承包人应在 14 天内将同意核对结论或不同意见的说明提交工程造价咨询人。工程造价咨询人收到承包人提出的异议后,应再次复核,复核无异议的,应按规定办理,复核后仍有异议的,按规定办理。

承包人逾期未提出书面异议的,应视为工程造价咨询人核对的竣工结算文件已经承包人认可。

⑦对发包人或发包人委托的工程造价咨询人指派的专业人员与承包人指派的专业人员

经核对后无异议并签名确认的竣工结算文件,除非发承包人能提出具体、详细的不同意见,发承包人都应在竣工结算文件上签名确认,如其中一方拒不签认的,按下列规定办理:

a. 若发包人拒不签认的,承包人可不提供竣工验收备案资料,并有权拒绝与发包人或其上级部门委托的工程造价咨询人重新核对竣工结算文件。

b. 若承包人拒不签认的,发包人要求办理竣工验收备案的,承包人不得拒绝提供竣工验收资料,否则,由此造成的损失,承包人承担相应责任。

⑧合同工程竣工结算核对完成,发承包双方签字确认后,发包人不得要求承包人与另一个或多个工程造价咨询人重复核对竣工结算。

⑨发包人对工程质量有异议,拒绝办理工程竣工结算的,已竣工验收或已竣工未验收但实际投入使用的工程,其质量争议应按该工程保修合同执行,竣工结算应按合同约定办理;已竣工未验收且未实际投入使用的工程及停工、停建工程的质量争议,双方应就有争议的部分委托有资质的检测鉴定机构进行检测,并应根据检测结果确定解决方案,或按工程质量监督机构的处理决定执行后办理竣工结算,无争议部分的竣工结算应按合同约定办理。

4. 结算款支付

①承包人应根据办理的竣工结算文件向发包人提交竣工结算款支付申请。申请应包括下列内容:

a. 竣工结算合同价款总额。

b. 累计已实际支付的合同价款。

c. 应预留的质量保证金。

d. 实际应支付的竣工结算款金额。

②发包人应在收到承包人提交竣工结算款支付申请后7天内予以核实,向承包人签发竣工结算支付证书。

③发包人签发竣工结算支付证书后的14天内,应按照竣工结算支付证书列明的金额向承包人支付结算款。

④发包人在收到承包人提交的竣工结算款支付申请后7天内不予核实,不向承包人签发竣工结算支付证书的,视为承包人的竣工结算款支付申请已被发包人认可;发包人应在收到承包人提交的竣工结算款支付申请7天后的14天内,按照承包人提交的竣工结算款支付申请列明的金额向承包人支付结算款。

⑤发包人未按照规定支付竣工结算款的,承包人可催告发包人支付,并有权获得延迟支付的利息。发包人在竣工结算支付证书签发后或者在收到承包人提交的竣工结算款支付申请7天后的56天内仍未支付的,除法律另有规定外,承包人可与发包人协商将该工程折价,也可直接向人民法院申请将该工程依法拍卖。承包人应就该工程折价或拍卖的价款优先受偿。

5. 质量保证金

①发包人应按照合同约定的质量保证金比例从结算款中预留质量保证金。

②承包人未按照合同约定履行属于自身责任的工程缺陷修复义务的,发包人有权从质量保证金中扣除用于缺陷修复的各项支出。经查验,工程缺陷属于发包人原因造成的,应由发包人承担查验和缺陷修复的费用。

③在合同约定的缺陷责任期终止后,发包人应按规定,将剩余的质量保证金返还给承

包人。

6. 最终结清

①缺陷责任期终止后,承包人应按照合同约定向发包人提交最终结清支付申请。发包人对最终结清支付申请有异议的,有权要求承包人进行修正和提供补充资料。承包人修正后,应再次向发包人提交修正后的最终结清支付申请。

②发包人应在收到最终结清支付申请后的 14 天内予以核实,并应向承包人签发最终结清支付证书。

③发包人应在签发最终结清支付证书后的 14 天内,按照最终结清支付证书列明的金额向承包人支付最终结清款。

④发包人未在约定的时间内核实,又未提出具体意见的,应视为承包人提交的最终结清支付申请已被发包人认可。

⑤发包人未按期最终结清支付的,承包人可催告发包人支付,并有权获得延迟支付的利息。

⑥最终结清时,承包人被预留的质量保证金不足以抵减发包人工程缺陷修复费用的,承包人应承担不足部分的补偿责任。

⑦承包人对发包人支付的最终结清款有异议的,应按照合同约定的争议解决方式处理。

十、合同解除的价款结算与支付

①发承包双方协商一致解除合同的,应按照达成的协议办理结算和支付合同价款。

②由于不可抗力致使合同无法履行解除合同的,发包人应向承包人支付合同解除之日前已完成工程但尚未支付的合同价款,此外,还应支付下列金额:

a. 规范规定的由发包人承担的费用。

b. 已实施或部分实施的措施项目应付价款。

c. 承包人为合同工程合理订购且已交付的材料和工程设备货款。

d. 承包人撤离现场所需的合理费用,包括员工遣送费和临时工程拆除、施工设备运离现场的费用。

e. 承包人为完成合同工程而预期开支的任何合理费用,且该项费用未包括在本款其他各项支付之内。

发承包双方办理结算合同价款时,应扣除合同解除之日前发包人应向承包人收回的价款。当发包人应扣除的金额超过了应支付的金额,承包人应在合同解除后的 56 天内将其差额退还给发包人。

③因承包人违约解除合同的,发包人应暂停向承包人支付任何价款。发包人应在合同解除后 28 天内核实合同解除时承包人已完成的全部合同价款以及按施工进度计划已运至现场的材料和工程设备货款,按合同约定核算承包人应支付的违约金以及造成损失的索赔金额,并将结果通知承包人。发承包双方应在 28 天内予以确认或提出意见,并应办理结算合同价款。如果发包人应扣除的金额超过了应支付的金额,承包人应在合同解除后的 56 天内将其差额退还给发包人。发承包双方不能就解除合同后的结算达成一致的,按照合同约定的争议解决方式处理。

④因发包人违约解除合同的,发包人除应按照规定向承包人支付各项价款外,应按合同约定核算发包人应支付的违约金以及给承包人造成损失或损害的索赔金额费用。该笔费用

应由承包人提出,发包人核实后应与承包人协商确定后的 7 天内向承包人签发支付证书。协商不能达成一致的,应按照合同约定的争议解决方式处理。

十一、合同价款争议的解决

1. 监理或造价工程师暂定

①若发包人和承包人之间就工程质量、进度、价款支付与扣除、工期延期、索赔、价款调整等发生任何法律上、经济上或技术上的争议,首先应根据已签约合同的规定,提交合同约定职责范围内的总监理工程师或造价工程师解决,并应抄送另一方。总监理工程师或造价工程师在收到此提交件后 14 天内应将暂定结果通知发包人和承包人。发承包双方对暂定结果认可的,应以书面形式予以确认,暂定结果成为最终决定。

②发承包双方在收到总监理工程师或造价工程师的暂定结果通知之后的 14 天内未对暂定结果予以确认也未提出不同意见的,应视为发承包双方已认可该暂定结果。

③发承包双方或一方不同意暂定结果的,应以书面形式向总监理工程师或造价工程师提出,说明自己认为正确的结果,同时抄送另一方,此时,该暂定结果成为争议。在暂定结果对发承包双方当事人履约不产生实质影响的前提下,发承包双方应实施该结果,直到按照发承包双方认可的争议解决办法被改变为止。

2. 管理机构的解释或认定

①合同价款争议发生后,发承包双方可就工程计价依据的争议以书面形式提请工程造价管理机构对争议以书面文件进行解释或认定。

②工程造价管理机构应在收到申请的 10 个工作日内就发承包双方提请的争议问题进行解释或认定。

③发承包双方或一方在收到工程造价管理机构书面解释或认定后仍可按照合同约定的争议解决方式提请仲裁或诉讼。除工程造价管理机构的上级管理部门作出了不同的解释或认定,或在仲裁裁决或法院判决中不予采信的外,工程造价管理机构作出的书面解释或认定应为最终结果,并应对发承包双方均有约束力。

3. 协商和解

①合同价款争议发生后,发承包双方任何时候都可以进行协商。协商达成一致的,双方应签订书面和解协议,和解协议对发承包双方均有约束力。

②如果协商不能达成一致协议,发包人或承包人都可以按合同约定的其他方式解决争议。

4. 调解

①发承包双方应在合同中约定或在合同签订后共同约定争议调解人,负责双方在合同履行过程中发生争议的调解。

②合同履行期间,发承包双方可协议调换或终止任何调解人,但发包人或承包人都不能单独采取行动。除非双方另有协议,在最终结清支付证书生效后,调解人的任期应即终止。

③如果发承包双方发生了争议,任何一方可将该争议以书面形式提交调解人,并将副本抄送另一方,委托调解人调解。

④发承包双方应按照调解人提出的要求,给调解人提供所需要的资料、现场进入权及相应设施。调解人应被视为不是在进行仲裁人的工作。

⑤调解人应在收到调解委托后 28 天内或由调解人建议并经发承包双方认可的其他期限内提出调解书,发承包双方接受调解书的,经双方签字后作为合同的补充文件,对发承包双方均具有约束力,双方都应立即遵照执行。

⑥当发承包双方中任一方对调解人的调解书有异议时,应在收到调解书后 28 天内向另一方发出异议通知,并应说明争议的事项和理由。但除非并直到调解书在协商和解或仲裁裁决、诉讼判决中作出修改,或合同已经解除,承包人应继续按照合同实施工程。

⑦当调解人已就争议事项向发承包双方提交了调解书,而任一方在收到调解书后 28 天内均未发出表示异议的通知时,调解书对发承包双方应均具有约束力。

5. 仲裁、诉讼

①发承包双方的协商和解或调解均未达成一致意见,其中的一方已就此争议事项根据合同约定的仲裁协议申请仲裁,应同时通知另一方。

②仲裁可在竣工之前或之后进行,但发包人、承包人、调解人各自的义务不得因在工程实施期间进行仲裁而有所改变。当仲裁是在仲裁机构要求停止施工的情况下进行时,承包人应对合同工程采取保护措施,由此增加的费用应由败诉方承担。

③在新规范规定的期限之内,暂定或和解协议或调解书已经有约束力的情况下,当发承包中一方未能遵守暂定或和解协议或调解书时,另一方可在不损害他可能具有的任何其他权利的情况下,将未能遵守暂定或不执行和解协议或调解书达成的事项提交仲裁。

④发包人、承包人在履行合同时发生争议,双方不愿和解、调解或者和解、调解不成,又没有达成仲裁协议的,可依法向人民法院提起诉讼。

十二、工程造价鉴定

1. 一般规定

①在工程合同价款纠纷案件处理中,需作工程造价司法鉴定的,应委托具有相应资质的工程造价咨询人进行。

②工程造价咨询人接受委托时提供工程造价司法鉴定服务,应按仲裁、诉讼程序和要求进行,并应符合国家关于司法鉴定的规定。

③工程造价咨询人进行工程造价司法鉴定时,应指派专业对口、经验丰富的注册造价工程师承担鉴定工作。

④工程造价咨询人应在收到工程造价司法鉴定资料后 10 天内,根据自身专业能力和证据资料判断能否胜任该项委托,如不能,应辞去该项委托。工程造价咨询人不得在鉴定期满后以上述理由不作出鉴定结论,影响案件处理。

⑤接受工程造价司法鉴定委托的工程造价咨询人或造价工程师如是鉴定项目一方当事人的近亲属或代理人、咨询人以及其他关系可能影响鉴定公正的,应当自行回避;未自行回避,鉴定项目委托人以该理由要求其回避的,必须回避。

⑥工程造价咨询人应当依法出庭接受鉴定项目当事人对工程造价司法鉴定意见书的质询。如确因特殊原因无法出庭的,经审理该鉴定项目的仲裁机关或人民法院准许,可以书面形式答复当事人的质询。

2. 取证

①工程造价咨询人进行工程造价鉴定工作时,应自行收集以下(但不限于)鉴定资料:

a. 适用于鉴定项目的法律、法规、规章、规范性文件以及规范、标准、定额。

b. 鉴定项目同时期同类型工程的技术经济指标及其各类要素价格等。

②工程造价咨询人收集鉴定项目的鉴定依据时,应向鉴定项目委托人提出具体书面要求,其内容包括:

a. 与鉴定项目相关的合同、协议及其附件。

b. 相应的施工图纸等技术经济文件。

c. 施工过程中的施工组织、质量、工期和造价等工程资料。

d. 存在争议的事实及各方当事人的理由。

e. 其他有关资料。

③工程造价咨询人在鉴定过程中要求鉴定项目当事人对缺陷资料进行补充的,应征得鉴定项目委托人同意,或者协调鉴定项目各方当事人共同签认。

④根据鉴定工作需要现场勘验的,工程造价咨询人应提请鉴定项目委托人组织各方当事人对被鉴定项目所涉及的实物标的进行现场勘验。

⑤勘验现场应制作勘验记录、笔录或勘验图表,记录勘验的时间、地点、勘验人、在场人、勘验经过、结果,由勘验人、在场人签名或者盖章确认。绘制的现场图应注明绘制的时间、测绘人姓名、身份等内容。必要时应采取拍照或摄像取证,留下影像资料。

⑥鉴定项目当事人未对现场勘验图表或勘验笔录等签字确认的,工程造价咨询人应提请鉴定项目委托人决定处理意见,并在鉴定意见书中作出表述。

3. 鉴定

①工程造价咨询人在鉴定项目合同有效的情况下应根据合同约定进行鉴定,不得任意改变双方合法的合同。

②工程造价咨询人在鉴定项目合同无效或合同条款约定不明确的情况下应根据法律法规、相关国家标准和相应规范的规定,选择相应专业工程的计价依据和方法进行鉴定。

③工程造价咨询人出具正式鉴定意见书之前,可报请鉴定项目委托人向鉴定项目各方当事人发出鉴定意见书征求意见稿,并指明应书面答复的期限及其不答复的相应法律责任。

④工程造价咨询人收到鉴定项目各方当事人对鉴定意见书征求意见稿的书面复函后,应对不同意见认真复核,修改完善后再出具正式鉴定意见书。

⑤工程造价咨询人出具的工程造价鉴定书应包括下列内容:

a. 鉴定项目委托人名称、委托鉴定的内容。

b. 委托鉴定的证据材料。

c. 鉴定的依据及使用的专业技术手段。

d. 对鉴定过程的说明。

e. 明确的鉴定结论。

f. 其他需说明的事宜。

g. 工程造价咨询人盖章及注册造价工程师签名盖执业专用章。

⑥工程造价咨询人应在委托鉴定项目的鉴定期限内完成鉴定工作,如确因特殊原因不能在原定期限内完成鉴定工作时,应按照相应法规提前向鉴定项目委托人申请延长鉴定期限,并应在此期限内完成鉴定工作。

经鉴定项目委托人同意等待鉴定项目当事人提交、补充证据的,质证所用的时间不应计入鉴定期限。

⑦对于已经出具的正式鉴定意见书中有部分缺陷的鉴定结论,工程造价咨询人应通过补充鉴定作出补充结论。

十三、工程计价资料与档案

1. 计价资料

①发承包双方应当在合同中约定各自在合同工程中现场管理人员的职责范围,双方现场管理人员在职责范围内签字确认的书面文件是工程计价的有效凭证,但如有其他有效证据或经实证证明其是虚假的除外。

②发承包双方不论在何种场合对与工程计价有关的事项所给予的批准、证明、同意、指令、商定、确定、确认、通知和请求,或表示同意、否定、提出要求和意见等,均应采用书面形式,口头指令不得作为计价凭证。

③任何书面文件送达时,应由对方签收,通过邮寄应采用挂号、特快专递传送,或以发承包双方商定的电子传输方式发送,交付、传送或传输至指定的接收人的地址。如接收人通知了另外地址时,随后通信信息应按新地址发送。

④发承包双方分别向对方发出的任何书面文件,均应将其抄送现场管理人员,如系复印件应加盖合同工程管理机构印章,证明与原件相同。双方现场管理人员向对方所发任何书面文件,也应将其复印件发送给发承包双方,复印件应加盖合同工程管理机构印章,证明与原件相同。

⑤发承包双方均应当及时签收另一方送达其指定接收地点的来往信函,拒不签收的,送达信函的一方可以采用特快专递或者公证方式送达,所造成的费用增加(包括被迫采用特殊送达方式所发生的费用)和延误的工期由拒绝签收一方承担。

⑥书面文件和通知不得扣压,一方能够提供证据证明另一方拒绝签收或已送达的,应视为对方已签收并应承担相应责任。

2. 计价档案

①发承包双方以及工程造价咨询人对具有保存价值的各种载体的计价文件,均应收集齐全,整理立卷后归档。

②发承包双方和工程造价咨询人应建立完善的工程计价档案管理制度,并应符合国家和有关部门发布的档案管理相关规定。

③工程造价咨询人归档的计价文件,保存期不宜少于五年。

④归档的工程计价成果文件应包括纸质原件和电子文件,其他归档文件及依据可为纸质原件、复印件或电子文件。

⑤归档文件应经过分类整理,并应组成符合要求的案卷。

⑥归档可以分阶段进行,也可以在项目竣工结算完成后进行。

⑦向接受单位移交档案时,应编制移交清单,双方应签字、盖章后方可交接。

十四、工程计价表格

①工程计价表宜采用统一格式。各省、自治区、直辖市建设行政主管部门和行业建设主管部门可根据本地区、本行业的实际情况,在新规范附录计价表格的基础上补充完善。

②工程计价表格的设置应满足工程计价的需要,方便使用。

③工程量清单的编制应符合下列规定:

a. 工程量清单编制使用表格包括:封-1~封-5、扉-1~扉-5。

b. 扉页应按规定的内容填写、签字、盖章,由造价员编制的工程量清单应有负责审核的造价工程师签字、盖章。受委托编制的工程量清单,应有造价工程师签字、盖章以及工程造价咨询人盖章。

c. 总说明应按下列内容填写:

工程概况:建设规模、工程特征、计划工期、施工现场实际情况、自然地理条件、环境保护要求等。

工程招标和专业工程发包范围。

工程量清单编制依据。

工程质量、材料、施工等的特殊要求。

其他需要说明的问题。

④扉页应按规定的内容填写、签字、盖章,除承包人自行编制的投标报价和竣工结算外,受委托编制的招标控制价、投标报价、竣工结算,由造价员编制的应有负责审核的造价工程师签字、盖章以及工程造价咨询人盖章。

⑤总说明应按下列内容填写:

工程概况:建设规模、工程特征、计划工期、合同工期、实际工期、施工现场及变化情况、施工组织设计的特点、自然地理条件、环境保护要求等。

编制依据等。

⑥工程造价鉴定应符合下列规定:

扉页应按规定内容填写、签字、盖章,应有承担鉴定和负责审核的注册造价工程师签字、盖执业专用章。

⑦投标人应按招标文件的要求,附工程量清单综合单价分析表。

工程计价文件封面、扉页样式如下。

工程计价表格参见表 3-2~表 3-31。

工程计价文件封面

封-1　招标工程量清单封面

_____工程

招标工程量清单

招　标　人：_____
（单位盖章）

造价咨询人：_____
（单位盖章）

年　　月　　日

_____工程

招标控制价

招　标　人：_____

（单位盖章）

造价咨询人：_____

（单位盖章）

年　月　日

封-3 投标总价封面

_____工程

投 标 总 价

招 标 人：_____

（单位盖章）

年   月   日

封-4 竣工结算书封面

_____工程

竣工结算书

发　包　人：_____
（单位盖章）

承 包 民 人：_____
（单位盖章）

造价咨询人：_____
（单位盖章）

年　　月　　日

_____工程

编号:×××[2×××]××号

工程造价鉴定意见书

造价咨询人:_____

(单位盖章)

年　月　日

工程计价文件扉页

扉-1 招标工程量清单扉页

_____工程

招标工程量清单

招　标　人：_____　　造价咨询人：_____
　　　　　　　　（单位盖章）　　　　　　　　　　　（单位资质专用章）

法定代表人　　　　　　　　　　　法定代表人
或其授权人：_____　　或其授权人：_____
　　　　　　　　（签字或盖章）　　　　　　　　　　（签字或盖章）

编　制　人：_____　　复　核　人：_____
　　　　（造价人员签字盖专用章）　　　　　　　（造价工程师签字盖专用章）

编制时间：　年　月　日　　复核时间：　年　月　日

_____工程

招标控制价

招标控制价(小写):_____

(大写):_____

招 标 人:_____   造价咨询人:_____
               (单位盖章)   (单位资质专用章)

法定代表人   法定代表人
或其授权人:_____   或其授权人:_____
               (签字或盖章)   (签字或盖章)

编 制 人:_____   复 核 人:_____
(造价人员签字盖专用章)   (造价工程师签字盖专用章)

编制时间: 年 月 日   复核时间: 年 月 日

扉-3 投标总价扉页

_____工程

投 标 总 价

招　标　人：_____

工 程 名 称：_____

招标控制价(小写)：_____

　　　　(大写)：_____

招　标　人：_____
　　　　　　　　(单位盖章)

法定代表人
或其授权人：_____
　　　　　　　　(签字或盖章)

编　制　人：_____
　　　　　　(造价人员签字盖专用章)

编 制 时 间：　年　月　日

扉-4 竣工结算总价扉页

_____工程

竣工结算总价

签约合同价(小写):_____ (大写):_____

竣工结算价(小写):_____ (大写):_____

发 包 人:_____   承 包 人:_____   造价咨询人:_____
　　　(单位盖章)　　　　　　　(单位盖章)　　　　　　　(单位资质专用章)

法定代表人　　　　　　法定代表人　　　　　　法定代表人
或其授权人:_____　或其授权人:_____　或其授权人:_____
　　　(签字或盖章)　　　　　　(签字或盖章)　　　　　　　(签字或盖章)

编 制 人:_____　　　　　　核 对 人:_____
　　(造价人员签字盖专用章)　　　　　　(造价工程师签字盖专用章)

编 制 时 间:　年 月 日　　　　　　复 核 时 间:　年 月　 日

_____工程

工程造价鉴定意见书

鉴定结论：

造价咨询人：_____
（盖单位章及资质专用章）

法定代表人：_____
（签字或盖章）

造价工程师：_____
（签字或盖章）

年　月　日

工程计价总说明

表 3-2　总说明

工程名称：　　　　　　　　　　　　　　　　　　　　　　　　　第　页共　页

| |
| |

表-01

工程计价汇总表

表 3-3　建设项目招标控制价/投标报价汇总表

工程名称：　　　　　　　　　　　　　　　　　　　　　　　　　第　页共　页

序号	单项工程名称	金额(元)	其中:(元)		
			暂估价	安全文明施工费	规费
	合计				

注:本表适用于建设项目招标控制价或投标报价的汇总。

表 3-4 单项工程招标控制价/投标报价汇总表

工程名称： 第 页 共 页

序号	单项工程名称	金额(元)	其中:(元)		
			暂估价	安全文明施工费	规费
	合计				

注:本表适用于单项工程招标控制价或投标报价的汇总。暂估价包括分项工程中的暂估价和专业工程暂估价。

表 3-5 单位工程招标控制价/投标报价汇总表

工程名称： 第 页 共 页

序号	汇总内容	金额(元)	其中:暂估价(元)
1	分部分项工程		
1.1			
1.2			
1.3			
1.4			
1.5			
2	措施项目		
2.1	其中:安全文明施工费		
3	其他项目		
3.1	其中:暂列金额		
3.2	其中:专业工程暂估价		
3.3	其中:计日工		
3.4	其中:总承包服务费		
4	规费		
5	税金		
招标控制价合计=1+2+3+4+5			

注:本表适用于单位工程招标控制价或投标报价的汇总,如无单位工程划分,单项工程也使用本表汇总。

表 3-6 建设项目竣工结算汇总表

工程名称：　　　　　　　　　　　　　　　　　　　　　　　　第　页 共　页

序号	单项工程名称	金额(元)	其中＋:(元)	
			安全文明施工费	规费
	合　计			

表 3-7 单项工程竣工结算汇总表

工程名称：　　　　　　　　　　　　　　　　　　　　　　　　第　页 共　页

序号	单项工程名称	金额(元)	其中＋:(元)	
			安全文明施工费	规费
	合　计			

表 3-8 单位工程竣工结算汇总表

工程名称：   第 页共 页

序号	汇总内容	金额(元)
1	分部分项工程	
1.1		
1.2		
1.3		
1.4		
1.5		
2	措施项目	
2.1	其中:安全文明施工费	
3	其他项目	
3.1	其中:专业工程结算价	
3.2	其中:计日工	
3.3	其中:总承包服务费	
3.4	其中:索赔与现场签证	
4	规费	
5	税金	
招标控制价合计＝1＋2＋3＋4＋5		

注:如无单位工程划分,单项工程也使用本表汇总。

分部分项工程和措施项目计价表

表 3-9 分部分项工程和单价措施项目清单与计价表

工程名称：   第 页共 页

序号	项目编码	项目名称	项目特征描述	计量单位	工程量	金额(元)		
						综合单位	合价	其中 暂估价
本页小计								
合 计								

注:为计取规费等的使用,可在表中增设其中:"定额人工费"。

表 3-10　综合单价分析表

工程名称：　　　　　　　　　　　　　　　　　　　　　　　第　页共　页

| 项目编码 | | 项目名称 | | 计量单位 | | 工程量 | |

清单综合单价组成明细											
定额编号	定额项目名称	定额单位	数量	单 价				合 价			
				人工费	材料费	机械费	管理费和利润	人工费	材料费	机械费	管理费和利润

人工单价			小　计		
元/工日			未计价材料费		
清单项目综合单价					

材料费明细	主要材料名称不、规格、型号	单位	数量	单价(元)	合价(元)	暂估单价(元)	暂估合价(元)
	其他材料						
	材料费小计						

注：1. 如不使用省级或行业建设主管部门发布的计价依据，可不填定额编号、名称等，
　　2. 招标文件提供了暂估单价的材料，按暂估的单价填入表内"暂估单价"栏及"暂估合价"栏。

表 3-11　综合单价调整表

工程名称：　　　　　　　　　　　　　　　　　　　　　　　第　页共　页

序号	项目编码	项目名称	已标价清单综合单价(元)					调整后综合单价(元)				
			综合单价	其中				综合单价	其中			
				人工费	材料费	机械费	管理费和利润		人工费	材料费	机械费	管理费和利润

造价工程师(签章)：　发包人代表(签章)：　　　造价人员(签章)：　承包人代表(签章)：

　　　　　　　　　　日期　　　　　　　　　　　　　　　　日期

注：综合单价调整应附调整依据。

表 3-12　总价措施项目清单与计价表

工程名称：　　　　　标段：　　　　　　　　　　　　　　　　　　　　第　页共　页

序号	项目编码	项目名称	计算基础	费率（%）	金额（元）	调整费率（%）	调整后金额(元)	备注
		安全文明施工费						
		夜间施工增加费						
		二次搬运费						
		冬雨季施工增加费						
		已完工程及设备保护费						
		合计						

编制人(造价人员)：　　　　　　　　　　　　　　复核人(造价工程师)：

注：1. "计算基础"中安全文明施工费可为"定额基价""定额人工费"或"定额人工费＋定额机械费"，其他项目可为"定额人工费"或"定额人工费＋定额机械费"。

2. 按施工方案计算的措施费，若无"计算基础"和"费率"的数值，也可只填"金额"数值，但应备注栏说明施工方案出处或计算方法。

其他项目计价表

表 3-13　其他项目清单与计价汇总表

工程名称：　　　　　　　　　　　　　　　　　　　　　　　　　　　第　页共　页

序号	项目名称	金额(元)	结算金额(元)	备注
1	暂列金额			明细详见表-12-1
2	暂估价			
2.1	材料(工程设备)暂估价/结算价			明细详见表-12-2
2.2	专业工程暂估价/结算价			明细详见表-12-3
3	计日工			明细详见表-12-4
4	总承包服务费			明细详见表-12-5
5	索赔与现场签证			明细详见表-12-6
	合计			

注：材料(工程设备)暂估单价进入清单项目综合单价,此处不汇总。

表 3-14 暂列金额明细表

工程名称：　　　　　　　　　　　　　　　　　　　　　　　　　　　　第　页共　页

序号	项目名称	计量单位	暂定金额(元)	备注
1				
2				
3				
4				
5				
6				
7				
8				
9				
10				
11				
合　计				

注：此表由招标人填写，如不能详列，也可只列暂定金额总额，投标人应将上述暂列金额计入投标总价中。

表 3-15 材料(工程设备)暂估单价及调整表

工程名称：　　　　　　　　　　　　　　　　　　　　　　　　　　　　第　页共　页

序号	材料(工程设备)名称不、规格、型号	计量单位	数量		暂估(元)		确认(元)		差额±(元)		备注
			暂估	确认	单价	合价	单价	合价	单价	合价	
合计											

注：此表由招标人填写"暂估单价"，并在备注栏说明暂估价的材料、工程设备拟用在那些清单项目上，投标人应将上述材料、工程设备暂估单价计入工程量清单综合单价报价中。

表 3-16 专业工程暂估价及结算价表

工程名称： 标段： 第 页共 页

序号	工程名称	工程内容	暂估金额（元）	结算金额（元）	差额±(元)	备注
合 计						

注：此表"暂估金额"由招标人填写，投标人应将"暂估金额"计入投标总价中。结算时按合同约定结算金额填写。

表 3-17 计日工表

工程名称： 标段： 第 页共 页

编号	项目名称	单位	暂定数量	实际数量	综合单价（元）	合价(元)	
						暂定	实际
一	人 工						
1							
2							
3							
4							
人工小计							
二	材 料						
1							
2							
3							
4							
5							
6							
材料小计							
三	施工机械						
1							
2							
3							
4							
施工机械小计							
四、企业管理费和利润							
总 计							

注：此表项目名称、暂定数量由招标人填写，编制招标控制价时，单价由招标人按有关计价规定确定；投标时，单价由投标人自主报价，按暂定数量计算合价计入投标总价中。结算时，按发承包双方确认的实际数量计算合价。

表3-18　总承包服务费计价表

工程名称：　　　　　　　　　　　标段：　　　　　　　　　第 页共 页

序号	项目名称	项目价值(元)	服务内容	计算基础	费率(%)	金额(元)
1	发包人发包专业工程					
2	发包人提供材料					
	合　计	—	—		—	

注：此表项目名称、服务内容由招标人填写，编制招标控制价时，费率及金额由招标人按有关计价规定确定；投标时，费率及金额由投标人自主报价，计入投标总价中。

表3-19　索赔与现场签证计价汇总表

工程名称：　　　　　　　　　　　标段：　　　　　　　　　第 页共 页

序号	索赔及索赔项目名称	计量单位	数量	单价(元)	合价(元)	索赔及签证依据
—	本页小计	—		—		—
—	合　计	—		—		—

注：签证及索赔依据是指经双方认可的签证单和索赔依据的编号。

表 3-20　费用索赔申请(核准)表

工程名称:　　　　　　　　　　　　　标段:　　　　　　　　　　　　　编号:

致:＿＿＿＿＿＿＿＿＿＿＿＿＿＿＿＿＿＿＿＿＿＿＿＿＿＿＿＿＿＿＿＿＿＿＿

(发包人名称)

　　根据施工合同条款＿＿＿＿＿＿＿条的约定,由于＿＿＿＿＿＿＿＿＿＿原因,我方要求索赔金额(大写)＿＿＿＿＿＿

附:1. 费用索赔的详细理由和依据;

　　2. 索赔金额的计算;

　　3. 证明材料:

承包人(章)

造价人员＿＿＿＿＿＿＿　　　承包人代表＿＿＿＿＿＿＿　　　日　　期＿＿＿＿＿＿

复核意见:

　　根据施工合同条款＿＿＿＿＿＿条的约定,你方提出的费用索赔申请经复核:

　　□不同意此项索赔,具体意见见附件。

　　□同意此项索赔,索赔金额的计算,由造价工程师复核。

监理工程师＿＿＿＿＿＿

日　　期＿＿＿＿＿＿

复核意见:

　　根据施工合同条款＿＿＿＿＿＿条的约定,你方提出的费用索赔申请经复核,索赔金额为(大写)＿＿＿＿＿＿(小写＿＿＿＿＿＿)。

监理工程师＿＿＿＿＿＿

日　　期＿＿＿＿＿＿

审核意见:

　　□不同意此项索赔。

　　□同意此项索赔,与本期进度款同期支付。

承包人(章)

发包人代表＿＿＿＿＿＿

日　　期＿＿＿＿＿＿

注:1. 在选择栏中的"□"内做标识"√"。

　　2. 本表一式四份,由承包人填报,发包人、监理人、造价咨询人、承包人各存一份。

表 3-21　现场签证表

工程名称：　　　　　　　　　　　标段：　　　　　　　　　　编号：

施工部位		日期	

致：＿＿＿＿＿＿＿＿＿＿＿＿＿＿＿＿＿＿＿＿＿＿＿＿＿＿＿＿＿＿＿＿＿＿

（发包人名称）

　　根据＿＿＿＿＿＿（指令人姓名）　年　月　日的口头指令或你方＿＿＿＿＿＿（或监理人）　年　月　日的书面通知，我方要求完成此项工作应支付价款金额为（大写）＿＿＿＿＿＿（小写＿＿＿＿＿＿），请予核准。

附：1. 签证事由及原因：

　　2. 附图及计算式：

承包人（章）

　　造价人员＿＿＿＿＿＿　　　　承包人代表＿＿＿＿＿＿　　　日　期＿＿＿＿＿＿

复核意见：

　你方提出的此项签证申请经复核：

□不同意此项签证，具体意见见附件。

□同意此项签证，签证金额的计算，由造价工程师复核。

监理工程师＿＿＿＿＿＿
日　期＿＿＿＿＿＿

复核意见：

　□此项签证按承包人中标的计日工单价计算，金额为（大写）＿＿＿＿＿＿元，（小写＿＿＿＿＿＿元）

　□此项签证因无计日工单价，金额为（大写）＿＿＿＿＿＿元，（小写＿＿＿＿＿＿）。

监理工程师＿＿＿＿＿＿
日　期＿＿＿＿＿＿

审核意见：

□不同意此项签证。

□同意此项签证，价款与本期进度款同期支付。

承包人（章）
发包人代表＿＿＿＿＿＿
日　期＿＿＿＿＿＿

注：1. 在选择栏中的"□"内做标识"√"。

　　2. 本表一式四份，由承包人在收到发包人（监理人）的口头或书面通知后填写，发包人、监理人、造价咨询人、承包人各存一份。

表 3-22 规费、税金项目计价表

工程名称： 标段： 第 页共 页

序号	项目名称	计算基础	计算基数	计算费率（%）	金额（元）
1	规费	定额人工费			
1.1	社会保险费	定额人工费			
(1)	养老保险费	定额人工费			
(2)	失业保险费	定额人工费			
(3)	医疗保险费	定额人工费			
(4)	工伤保险费	定额人工费			
(5)	生育保险费	定额人工费			
1.2	住房公积金	定额人工费			
1.3	工程排污费	按工程所在地环境保护部门收取标准，按实计入			
2	税金	分部分项工程费＋措施项目费＋其他项目费＋规费－按规定不计税的工程设备金额			
合　计					

编制人(造价人员)： 复核人(造价工程师)：

表-13

表 3-23 工程计量申请(核准)表

工程名称： 标段： 第 页共 页

序号	项目编码	项目名称	计量单位	承包人申请数量	发包人核实数量	发承包人确认数量	备 注

承包人代表： 监理工程师： 造价工程师： 发包人代表：

日期： 日期： 日期： 日期：

合同价款支付申请(核准)表

表 3-24　预付款支付申请(核准)表

工程名称：　　　　　　　　　标段：　　　　　　　　　第 页共 页

致：_____(发包人名称)

　　我方根据施工合同的约定,现申请支付工程预付款额为(大写)_____(小写_____),
请予核准。

序 号	名 称	申请金额(元)	复核金额(元)	备 注
1	已签约合同价款金额			
2	其中:安全文明施工费			
3	应支付的预付款			
4	应支付的安全文明施工费			
5	合计应支付的预付款			

承包人(章)

造价人员_____　　承包人代表_____　　日 期_____

复核意见： □与合同约定不相符,修改意见见附件。 □与合同约定相符,具体金额由造价工程师复核。 　　　　监理工程师_____ 　　　　日 期_____	复核意见： 　　你方提出的支付申请经复核,应支付预付款金额为（大写）_____（小写_____）。 　　　　监理工程师_____ 　　　　日 期_____

审核意见：
□不同意。
□同意,支付时间为本表签发后的 15 天内。

承包人(章)
发包人代表_____
日 期_____

注:1. 在选择栏中的"□"内做标识"√"。

　2. 本表一式四份,由承包人填报,发包人、监理人、造价咨询人、承包人各存一份。

表 3-25　总价项目进度款支付分解表

工程名称：　　　　　　　　　　　　　　标段：　　　　　　　　　　　　　第　页共　页

序号	项目名称	总价金额	首次支付	二次支付	三次支付	四次支付	五次支付	
	安全文明施工费							
	夜间施工增加费							
	二次搬运费							
	社会保险费							
	住房公积金							
	合　计							

编制人（造价人员）：　　　　　　　　　　　　　　　　　　　　　复核人（造价工程师）：

注：1. 本表应由承包人在投标报价时根据发包人在招标文件明确的进度款支付周期与报价填写，签订合同时，发承
　　包双方可就支付分解协商调整后作为合同附件。

　　2. 单价合同使用本表，"支付"栏时间应与单价项目进度款支付周期相同。

　　3. 总价合同使用本表，"支付"栏时间应与约定的工程计量周期相同。

表 3-26　进度款支付申请(核准)表

工程名称：　　　　　　　　　标段：　　　　　　　　　　　第　页共　页

致：_____(发包人名称)

　　我方于_____至_____期间已完成了_____工作,根据施工合同的约定,现申请支付本周期的合同款额为(大写)_____(小写_____),请予核准。

序号	名　　　称	实际金额(元)	申请金额(元)	复核金额(元)	备　注
1	累计已完成的合同价款				
2	累计已实际支付的合同价款				
3	本周期合计完成的合同价款				
3.1	本周期已完成单价项目的金额				
3.2	本周期应支付的总价项目的金额				
3.3	本周期已完成的计日工价款				
3.4	本周期应支付的安全文明施工费				
3.5	本周期应增加的合同价款				
4	本周期合计应扣减的金额				
4.1	本周期应抵扣的预付款				
4.2	本周期应扣减的金额				
5	本周期应支付的合同价款				

附:上述 3、4 详见附件清单。

　　　　　　　　　　　　　　　　　　　　　　　　　　承包人(章)

造价人员_____　　　　承包人代表_____　　　　日　　期_____

复核意见:
□与实际施工情况不相符,修改意见见附件。
□与实际施工情况相符,具体金额由造价工程师复核。

　　　　　　监理工程师_____
　　　　　　日　　期_____

复核意见:
　　你方提出的支付申请经复核,本周期已完成合同款额为(大写)_____(小写_____),本周期应支付金额为(大写)_____(小写_____)。

　　　　　　监理工程师_____
　　　　　　日　　期_____

审核意见:
□不同意。
□同意,支付时间为本表签发后的 15 天内。

　　　　　　　　　　　　　　　　　　　　　　　　　　承包人(章)
　　　　　　　　　　　　　　　　　　　　　　　　　　发包人代表_____
　　　　　　　　　　　　　　　　　　　　　　　　　　日　　期_____

注:1. 在选择栏中的"□"内做标识"√"。
　　2. 本表一式四份,由承包人填报,发包人、监理人、造价咨询人、承包人各存一份。

表 3-27 竣工结算款支付申请(核准)表

工程名称： 标段： 第 页共 页

致：_____(发包人名称)

　　我方于_____至_____期间已完成合同约定的工作,工程已经完工,根据施工合同的约定,现申请支付竣工结算合同款额为(大写)_____(小写_____),请予核准。

序 号	名 称	申请金额(元)	复核金额(元)	备 注
1	竣工结算合同价款总额			
2	累计已实际支付的合同价款			
3	应预留的质量保证金			
4	应支付的竣工结算款金额			

承包人(章)

造价人员_____ 承包人代表_____ 日 期_____

复核意见：
　　□与实际施工情况不相符,修改意见见附件。
　　□与实际施工情况相符,具体金额由造价工程师复核。

　　　　　　　　　监理工程师_____
　　　　　　　　　日 期_____

复核意见：
　　你方提出的竣工结算款支付申请经复核,竣工结算款总额为(大写)_____(小写_____),扣除前期支付以及质量保证金后应支付金额为(大写)_____(小写_____)。

　　　　　　　　　监理工程师_____
　　　　　　　　　日 期_____

审核意见：
　　□不同意。
　　□同意,支付时间为本表签发后的 15 天内。

　　　　　　　　　承包人(章)
　　　　　　　　　发包人代表_____
　　　　　　　　　日 期_____

注:1. 在选择栏中的"□"内做标识"√"。

　　2. 本表一式四份,由承包人填报,发包人、监理人、造价咨询人、承包人各存一份。

表3-28　最终结清支付申请(核准)表

工程名称：　　　　　　　　　　　　标段：　　　　　　　　　第　页共　页

致：_____(发包人名称)

　　我方于_____至_____期间已完成了缺陷修复工作,根据施工合同的约定,现申请支付最终结清合同款额为(大写)_____(小写_____),请予核准。

序　号	名　　称	申请金额(元)	复核金额(元)	备　　注
1	已预留的质量保证金			
2	应增加因发包人原因造成缺陷的修复金额			
3	应扣减承包人不修复缺陷、发包人组织修复的金额			
4	最终应支付的合同价款			

上述3、4详见附件清单。

承包人(章)

造价人员_____　　承包人代表_____　　　　日　　期_____

复核意见：

□与实际施工情况不相符,修改意见见附件。

□与实际施工情况相符,具体金额由造价工程师复核。

监理工程师_____
日　　期_____

复核意见：

　　你方提出的支付申请经复核,最终应支付金额为（大写）_____（小写_____）。

监理工程师_____
日　　期_____

审核意见：

□不同意。

□同意,支付时间为本表签发后的15天内。

承包人(章)
发包人代表_____
日　　期_____

注:1. 在选择栏中的"□"内做标识"√"。如监理人已退场,监理工程师栏可空缺。

　　2. 本表一式四份,由承包人填报,发包人、监理人、造价咨询人、承包人各存一份。

主要材料、工程设备一览表

表 3-29　发包人提供材料和工程设备一览表

工程名称：　　　　　　　　　　　标段：　　　　　　　　　　第　页共　页

序号	材料(工程设备)名称、规格、型号	单位	数量	单价（元）	交货方式	送达地点	备注

注：此表由招标人填写，供投标人在投标报价、确定总承包服务费时参考。

表 3-30　承包人提供主要材料和工程设备一览表

（适用于造价信息差额调整法）

工程名称：　　　　　　　　　　　标段：　　　　　　　　　　第　页共　页

序号	名称、规格、型号	单位	数量	风险系数（%）	基准单价（元）	投标单价（元）	发承包人确认单价（元）	备注

注：1. 此表由招标人填写除"投标单价"栏的内容，投标人在投标时自主确定投标单价。

2. 招标人应优先采用工程造价管理机构发布的单价作为基准单价，未发布的，通过市场调查确定其基准单价。

表 3-31　承包人提供主要材料和工程设备一览表

（适用于价格指数差额调整法）

工程名称：　　　　　　　　　　　　标段：　　　　　　　　　　　　　第 页共 页

序号	名称、规格、型号	变值权重 B	基本价格指数 F_0	现行价格指数 F_t	备　注
	定值权重 A		—	—	
合　计		1	—	—	

注：① "名称、规格、型号"、"基本价格指数"栏由招标人填写，基本价格指数应首先采用工程造价管理机构发布的价格指数，没有时，可采用发布的价格代替。如人工、机械费也采用本法调整，由招标人在"名称"栏填写。

② "变值权重"栏由投标人根据该项人工、机械费和材料、工程设备价值在投标总报价中所占的比例填写，1 减去其比例为定值权重。

③ "现行价格指数"按约定的付款证书相关周期最后一天的前 42 天的各项价格指数填写，该指数应首先采用工程造价管理机构发布的价格指数，没有时，可采用发布的价格代替。

十五、园林工程工程量计价规范内容及规定

1. 工程计量

①工程量计算除依据本规范各项规定外，尚应依据以下文件：

a. 经审定通过的施工设计图纸及其说明。

b. 经审定通过的施工组织设计或施工方案。

c. 经审定通过的其他有关技术经济文件。

②工程实施过程中的计量应按照现行国家标准《建设工程工程量清单计价规范》GB 50500 的相关规定执行。

③本规范附录中有两个或两个以上计量单位的，应结合拟建工程项目的实际情况，确定其中一个为计量单位。同一工程项目的计量单位应一致。

④工程计量时每一项目汇总的有效位数应遵守下列规定：

a. 以"t"为单位，应保留小数点后三位数字，第四位小数四舍五入。

b. 以"m""m²""m³"为单位，应保留小数点后两位数字，第三位小数四舍五入。

c. 以"株""丛""缸""套""个""支""只""块""根""座"等为单位，应取整数。

⑤本规范各项目仅列出了主要工作内容，除另有规定和说明外，应视为已经包括完成该项目所列或未列的全部工作内容。

⑥园林绿化工程（另有规定者除外）涉及普通公共建筑物等工程的项目以及垂直运输机械、大型机械设备进出场及安拆等项目，按现行国家标准《房屋建筑与装饰工程工程量计算规范》GB 50854 的相应项目执行；涉及仿古建筑工程的项目，按现行国家标准《仿古建筑工程工程量计算规范》GB 50855 的相应项目执行；涉及电气、给排水等安装工程的项目，按照现行国家标准《通用安装工程工程量计算规范》GB 50856 的相应项目执行；涉及市政道路、

路灯等市政工程的项目,按现行国家标准《市政工程工程量计算规范》GB 50857 的相应项目执行。

2. 工程量清单编制

(1)一般规定

①编制工程量清单应依据:

a. 本规范和现行国家标准《建设工程工程量清单计价规范》GB 50500。

b. 国家或省级、行业建设主管部门颁发的计价依据和办法。

c. 建设工程设计文件。

d. 与建设工程项目有关的标准、规范、技术资料。

e. 拟定的招标文件。

f. 施工现场情况、工程特点及常规施工方案。

其他相关资料。

②其他项目、规费和税金项目清单应按照现行国家标准《建设工程工程量清单计价规范》GB 50500 的相关规定编制。

③编制工程量清单出现附录中未包括的项目,编制人应做补充,并报省级或行业工程造价管理机构备案,省级或行业工程造价管理机构应汇总报住房和城乡建设部标准定额研究所。

补充项目的编码由代码 05 与 B 和三位阿拉伯数字组成,并应从 05B001 起顺序编制,同一招标工程的项目不得重码。

补充的工程量清单需附有补充项目的名称、项目特征、计量单位、工程量计算规则、工作内容。不能计量的措施项目,需附有补充项目的名称、工作内容及包含范围。

(2)分部分项工程

①工程量清单应根据附录规定的项目编码、项目名称、项目特征、计量单位和工程量计算规则进行编制。

②工程量清单的项目编码,应采用十二位阿拉伯数字表示,一至九位应按附录的规定设置,十至十二位应根据拟建工程的工程量清单项目名称和项目特征设置。同一招标工程的项目编码不得有重码。

③工程量清单的项目名称应按附录的项目名称结合拟建工程的实际确定。

④工程量清单项目特征应按附录中规定的项目特征,结合拟建工程项目的实际予以描述。

⑤工程量清单中所列工程量应按规定的工程量计算规则计算。

⑥工程量清单的计量单位应按规定的计量单位确定。

⑦本规范现浇混凝土工程项目在"工作内容"中包括模板工程的内容,同时又在"措施项目"中单列了现浇混凝土模板工程项目。对此,由招标人根据工程实际情况选用,若招标人在措施项目清单中未编列现浇混凝土模板项目清单,即表示现浇混凝土模板项目不单列,现浇混凝土工程项目的综合单价中应包括模板工程费用。

⑧本规范对预制混凝土构件按现场制作编制项目,"工作内容"中包括模板工程,不再另

列。若采用成品预制混凝土构件时,构件成品价(包括模板、钢筋、混凝土等所有费用)应计入综合单价中。

(3)措施项目

①措施项目中列出了项目编码、项目名称、项目特征、计量单位、工程量计算规则的项目,编制工程量清单时。应按照规定执行。

②措施项目中仅列出项目编码、项目名称,未列出项目特征、计量单位和工程量计算规则的项目,编制工程量清单时,应按项目编码、项目名称确定。

第四章　园林绿化工程工程量计算及其计价

第一节　园林绿化工程计量计价相关资料

一、绿地整理

1. 伐树、挖树根

（1）伐除树木

伐树时必须连根拔除，清理树墩除用人工挖掘外，直径在50cm以上的大树墩可用推土机或用爆破方法清除。建筑物、构筑物基础下土方中不得混有树根、树枝、草及落叶等。凡土方开挖深度不大于50cm或填方高度较小的土方施工，对于现场及排水沟中的树木应按当地有关部门的规定办理审批手续。若遇到名木古树，必须注意保护，并做好移植工作。

（2）掘苗

将树苗从某地连根（裸根或带土球）起出的操作叫掘苗。

（3）挖坑（槽）

挖坑看似简单，但其质量好坏，对今后植株生长有很大的影响。挖坑的规格大小，应根据根系或土球的规格以及土质情况来确定，一般坑径应较根径大一些。挖坑深浅与树种根系分布深浅有直接联系，在确定挖坑深度规格时应予充分考虑。其主要方法有人力挖坑和机械挖坑。

2. 清除草皮

杂草与杂物的清除，清除目的是为了便于土地的耕翻与平整，但更主要的是为了消灭多年生杂草，为避免草坪建成后杂草与草坪争水分、养料，所以，在种草前应彻底加以消灭。可用"草甘膦"等灭生性的内吸传导型除草剂[0.2～0.4mL/m²（成分量）]，使用后两周可开始种草。此外，还应把瓦块、石砾等杂物全部清出场地外。瓦砾等杂物多的土层应用10mm×10mm的网筛过一遍，以确保杂物除净。

3. 整理绿化用地

（1）土方开挖

挖方边坡坡度应根据使用时间（临时或永久性）、土的种类、物理力学性质（内摩擦角、黏聚力、密度、湿度）、水文情况等确定。对于永久性场地，挖方边坡坡度应按设计要求放坡，如设计无规定，应根据工程地质和边坡高度，结合当地实践经验确定。对软土土坡或极易风化的软质岩石边坡，应对坡脚、坡面采取喷浆、抹面、嵌补、砌石等保护措施，并做好坡顶、坡脚排水，避免在影响边坡稳定的范围内积水。挖方上边缘至土堆坡脚的距离，应根据挖方深度、边坡高度和土的类别确定。当土质干燥密实时，不得小于3m；当土质松软时，不得小于5m。在挖方下侧弃土时，应将弃土堆表面整平低于挖方场地标高并向外倾斜，或在弃土堆与挖方场地之间设置排水沟，防止雨水排入挖方场地。

（2）土方的转运

土方调配，一般都按照就近挖方就近填方的原则，采取土石方就地平衡的方式。

人工转运土方一般为短途的小搬运。搬运方式有用人力车拉、用手推车推或由人力肩挑背扛等。这种转运方式在有些园林局部或小型工程施工中常采用。

机械转运土方通常为长距离运土或工程量很大时的运土，运输工具主要是装载机和汽车。根据工程施工特点和工程量大小的不同，还可采用半机械化和人工相结合的方式转运土方。另外，在土方转运过程中，应充分考虑运输路线的安排、组织，尽量使路线最短，以节省运力。土方的装卸应有专人指挥，要做到卸土位置准确，运土路线顺畅，能够避免混乱和窝工。汽车长距离转运土方需要经过城市街道时，车厢不能装得太满，在驶出工地之前应当将车轮粘上的泥土全扫掉，不得在街道上撒落泥土和污染环境。

（3）土方回填

①填方土料要求。填方土料应符合设计要求，保证填方的强度和稳定性，如设计无要求，则应符合下列规定：

碎石类土、砂土和爆破石渣（粒径不大于每层铺厚的 2/3，当用振动碾压时，不超过 3/4），可用于表层下的填料。

含水量符合压实要求的黏性土，可作各层填料。

碎块草皮和有机质含量大于 8% 的土，仅用于无压实要求的填方。

淤泥和淤泥质土，一般不能用作填料，但在软土或沼泽地区，经过处理含水量符合压实要求的，可用于填方中的次要部位。

含盐量符合规定的盐渍土，一般可用作填料，但土中不得含有盐晶、盐块或含盐植物根茎。

②土方回填顺序。先填石方，后填土方。土、石混合填方时，或施工现场有需要处理的建筑渣土而填方区又比较深时，应先将石块、渣土或粗粒废土填在底层，并紧紧地筑实；然后再将壤土或细土在上层填实。

先填底土，后填表土。在挖方中挖出的原地面表土，应暂时堆在一旁；而要将挖出的底土先填入到填方区底层；待底土填好后，才将肥沃表土回填到填方区作面层。

先填近处，后填远处。近处的填方区应先填，待近处填好后再逐渐填向远处。但每填一处，还是要分层填实。

③土方回填方式。一般的土石方填埋，都应采取分层填筑方式，一层一层地填。分层填筑时，在要求质量较高的填方中，每层的厚度应为 30cm 以下，而在一般的填方中，每层的厚度可为 30～60cm。填土过程中，最好能够填一层就筑实一层，层层压实。

（4）土方压实

土方压实方法可分为人工夯实和机械压实。

①人力打夯前应将填土初步整平，打夯要按一定方向进行，一夯压半夯，夯夯相接，行行相连，两遍纵横交叉，分层打夯。夯实基槽及地坪时，行夯路线应由四边开始，然后再夯向中间。用蛙式打夯机等小型机具夯实时，一般填土厚度不宜大于 25cm，打夯之前对填土应初步平整，打夯机依次夯打，均匀分布，不留间隙。

②为保证填土压实的均匀性及密实度，避免碾轮下陷，提高碾压效率，在碾压机械碾压之前，宜先用轻型推土机、拖拉机推平，低速预压 4～5 遍，使表面平实；采用振动平碾压实爆

破石渣或碎石类土,应先静压,而后振压。碾压机械压实填方时,应控制行驶速度,一般平碾、振动碾不超过 2km/h;羊足碾不超过 3km/h;并要控制压实遍数。碾压机械与基础或管道应保持一定的距离,防止将基础或管道压坏或使之位移。

4. 屋顶花园基底处理

(1)抹找平层

抹水泥砂浆找平层应分为洒水湿润,贴点标高、冲筋,铺装水泥砂浆及养护四个步骤,具体操作如下:

①洒水湿润。抹找平层水泥砂浆前,应适当洒水湿润基层表面,主要是利于基层与找平层的结合,但不可洒水过量,以免影响找平层表面的干燥,防水层施工后窝住水汽,使防水层产生空鼓。所以,洒水以达到基层和找平层能牢固结合为度。

②贴点标高、冲筋。根据坡度要求,拉线找坡,一般按 1～2m 贴点标高(贴灰饼),铺抹找平砂浆时,先按流水方向以间距 1～2m 冲筋,并设置找平层分格缝,宽度一般为 20mm,并且将缝与保温层连通,分格缝最大间距为 6m。

③铺装水泥砂浆。按分格块装灰、铺平,用刮扛靠冲筋条刮平,找坡后用木抹子搓平,铁抹子压光。待浮水沉失后,人踏上去有脚印但不下陷为度,再用铁抹子压第二遍即可交活。找平层水泥砂浆一般配合比为 1∶3,拌和物稠度控制在 7cm。

④养护。找平层抹平、压实以后 24h 可浇水养护,一般养护期为 7d,经干燥后铺设防水层。

(2)防水层铺设

种植屋面应先做防水层,防水层材料应选用耐腐蚀、耐碱、耐霉烂和耐穿刺性好的材料,为提高防水设防的可靠性,宜采用涂料和高分子卷材复合,高分子卷材强度高、耐穿刺好,涂料是无接缝的防水层,可以弥补卷材接缝可靠性差的缺陷。

铺设施工时根据平屋顶的承重能力、设置屋顶绿化的主要目的和要求,可选择不同功能的屋顶绿化形式(表 4-1)。

表 4-1　屋顶绿化形式的主要指标

名　　称	要求承重/(kg/m²)	种植层厚度/cm	主　要　功　能
花园式	>500	30～50	提供休息游览场所
种植园式	200～300	20～30	栽植花木,防暑降温,增加效益
地毯式	100～200	5～20	美化环境

施工时,首先,用粉笔在屋面上根据设计要求画出花坛花架、道路排水孔道、浇灌设备的位置。先在屋面铺设 5～10cm 的排水层,排水层的材料可选用废弃的聚苯乙烯珠粒、煤渣或稻壳,排水层上铺尼龙窗纱或玻璃纤维布与石棉布的过滤层,以防轻质人造土颗粒下漏堵塞排水层。然后在过滤层上铺设轻质人造土种植层,厚度依栽植植物而定。

(3)填轻质土壤

人工轻质土壤是使用不含天然土壤,以保湿性强的珍珠岩轻质混凝土为主要成分的土壤,其在潮湿状态下的容重为 0.6～0.8。人工轻质土壤泥泞程度小,可在雨天施工,施工条件非常好。使用轻质土壤,因其干燥时易飞散,应边洒水边施工。施工中遇强风,则应中止作业。

二、栽植花木

1. 起挖

起挖应先根据树干的种类、株行距和干径的大小确定在植株根部留土台的大小。一般按苗胸高直径的 8～10 倍确定土台。按着比土台大 10cm 左右，划一正方形，然后，沿线印外缘挖一宽 60～80cm 的沟，沟深应与土台高度相等。挖掘树木时，应随时用箱板进行校正，保证土台的上端尺寸与箱板尺寸完全符合，土台下端可比上端略小。挖掘时如遇有较大的侧根，可用手锯或剪子切断。

（1）选苗

掘苗前首先应进行选苗，除根据设计提出对规格和树形的要求外，还要注意选择生长健壮、无病虫害、无机械损伤、树形端正和根系发达的苗木。做行道树种植的苗木分枝点应不低于 2.5m。选苗时还应考虑起苗包装运输的方便，苗木选定后，要挂牌或在根基部位画出明显标记，以免挖错。

（2）掘苗前准备

为了便于挖掘，起苗前 1～3d 可适当浇水使泥土松软，对起裸根苗来说也便于多带宿土，少伤根系。

掘苗时间最好是在秋天落叶后或冻土前、解冻后均可，此时正值苗木休眠期，生理活动微弱，起苗对它们影响不大，起苗时间和栽植时间最好能紧密配合，做到随起随栽。

掘苗规格即苗木的根系大小，主要是由苗高或苗木胸径确定的。苗木的根系是苗木的重要器官，受伤的、不完整的根系将影响苗木生长和苗木成活，苗木根系是苗木分级的重要指标。因此，起苗时要保证苗木根系符合有关的规格要求。

（3）掘苗

掘苗时，常绿苗应当带有完整的根团土球，土球的大小一般可按树木胸径的 10 倍左右确定，土球高度一般可比宽度少 5～10cm。对难成活的树种要考虑加大土球。一般的落叶树苗也多带有土球，但在秋季和早春起苗移栽时，也可裸根起苗。裸根苗木若运输距离比较远，需要在根蔸里填塞湿草，或在其外包裹塑料薄膜保湿，以免根系失水过多，影响栽植成活率。为了减少树苗水分蒸腾，提高移栽成活率，掘苗后，装车前应进行粗略修剪。

（4）包装

包装前应先对根系进行处理，一般是先用泥浆或水凝胶等吸水保水物质蘸根，以减少根系失水，然后再包装。泥浆一般是用黏度比较大的土壤，如水调成糊状，水凝胶是由吸水极强的高分子树脂加水稀释而成的。

包装时要在背风庇荫处进行。包装材料可用麻袋、蒲包、稻草包、塑料薄膜等。无论是包裹根系，还是全苗包装，包裹后要将封口扎紧，减少水分蒸发、防止包装材料脱落。包装的程度视运输距离和存放时间确定。

2. 运输

（1）装运根苗

装运乔木时，应将树根朝前，树梢向后，依次顺序放置。车后厢板应铺垫草袋、蒲包等物，以防碰伤树根、干皮。树梢不得拖地，必要时要用绳子围绕吊起，捆绳子的地方也要用蒲包垫上，不要使其勒伤树皮。装车不得超高，压得不要太紧。装完后用苫布将树根盖严、捆好，以防树根失水。

（2）装运土球苗木

2m 以下的苗木可以立放，2m 以上的苗木必须斜放或平放。放置时，土球朝前，树梢向后，并用木架将树冠架稳。土球直径大于 20cm 的苗木只装一层，小土球可以码放 2～3 层。土球之间必须安（码）放紧密，以防摇晃。土球上不准站人或放置重物。

（3）卸车

起吊带土球的小型苗木时，应用绳网兜土球吊起，不得用绳索缚捆根茎起吊。重量超过 1t 的大型土球，应在土球外部套钢丝缆起吊。苗木在装卸车时应轻吊轻放，不得损伤苗木造成散苗。

3. 栽植

（1）乔木的栽植

栽植应根据树木的习性和当地的气候条件，选择最适宜的时期进行。

①带土球树木。首先将苗木的土球或根蔸放入种植穴内，使其居中，再将树干立起扶正，使其保持垂直，然后，分层回填种植土，填土后将树根稍向上提一提，使根群舒展开，每填一层土就要用锄把将土压紧实，直到填满穴坑，并使土面能够盖住树木的根茎部位，检查扶正后，把余下的穴土绕根茎一周进行培土，做成环形的拦水围堰。其围堰的直径应略大于种植穴的直径。堰土要拍压紧实，不能松散。

②裸根树木。将原根际埋下 3～5cm 即可，应将种植穴底填土呈半圆土堆，置入树木填土至 1/3 时，应轻提树干使根系舒展，并充分接触土壤，随填土分层踏实。

落叶乔木在非种植季节种植时，应根据具体情况分别采取如下技术措施：

苗木必须提前采取疏枝、环状断根或在适宜季节起苗用容器假植等处理；苗木应进行强修剪，剪除部分侧枝，保留的侧枝也应疏剪或短截，并应保留原树冠的 1/3，同时必须加大土球体积。同时，应摘去部分叶片，但不得伤害幼芽。

干旱地区或干旱季节，种植裸根树木应采取根部喷布生根激素、增加浇水次数等措施。

对排水不良的种植穴，可在穴底铺 10～15cm 砂砾或铺设渗入管、盲沟，以利排水。

栽植较大的乔木时，在定植后应加支撑，以防浇水后大风吹倒苗木。

（2）绿篱的栽植

栽植绿篱要求苗木下部枝条密集，要达到这一目的，应在苗木出圃的前一年春季剪梢，促使其下部多发枝条。

用作绿篱的常绿树，如桧柏、侧柏的土球直径，可比一般常绿树的小一些（土球直径可按树高的 1/3 来确定），栽植绿篱，株行距要均匀，丰满的一面要向外，树冠的高矮和冠丛的大小，要搭配均匀合理。栽植深浅要合适，一般树木应与原土痕印相平。

①栽植单行绿篱。绿篱栽植时，先按设计的位置放线，绿篱中心线距道路的距离应等于绿篱养成后宽度的一半。绿篱栽植时应按行距的宽度开沟，沟深应比苗根深 30～40cm，以便换施肥土，栽植后即日灌足水，次日扶正踩实，并保留一定高度将上部剪去。

②栽植双行绿篱。栽植位点有矩形和三角形两种排列方式，株行距视苗木树冠而定；一般株距在 20～40cm 之间，最小可为 15cm，最大可达 60cm。行距可和株距相等，也可略小于株距。一般的绿篱多采用双行三角形栽种方式，最宽的绿篱也有栽成 5～6 行的。苗木栽好后，要在根部均匀地覆盖细土并插实之后，应全面检查，发现有歪斜的应及时扶正。绿篱的种植沟两侧，要用余下的土做成直线形围堰，以便于拦水。土堰做好后，浇灌定根水，要一

次浇透。

(3)攀缘植物的栽植

栽植前首先应对植物材料进行处理。用于棚架栽种的植物材料,若是藤本植物,如紫藤、常绿油麻藤等,最好选一根独藤长 5m 以上的;如果是如木香、蔷薇之类的攀缘类灌木,因其多为丛生状,要剪掉多数的丛生枝条,留 1～2 根最长的茎干,以集中养分供应,以便其能够较快地生长。

挖种植槽、穴时应当确定槽、穴在花架柱子的外侧。穴深 40～60cm,直径 40～80cm,穴底应垫一层基肥并覆盖一层壤土,然后,再栽种植物。不挖种植穴,而在花架边沿用砖砌槽填土,作为植物的种植槽,也是花架植物栽植的一种常见方式。种植槽净宽度在 35～100cm 之间,深度不限,但槽顶与槽外地坪之间的高度应控制在 30～70cm 为好。种植槽内所填的土壤,一定要是肥沃的栽培土。

花架植物的具体栽种方法与一般树木基本相同。但是,在根部栽种施工完成之后,还要用竹竿搭在花架柱子旁,把植物的藤蔓牵引到花架顶上。若花架顶上的檩条比较稀疏,还应在檩条之间均匀地放一些竹竿,增加承托面积,以方便植物枝条生长和铺展开来。特别是对缠绕性的藤本植物如紫藤、金银花、常绿油麻藤等更需如此,不然以后新生的藤条相互缠绕一起,难以展开。

(4)色带的栽植

栽植时,按放线后的种植点挖穴、栽苗、填土、插实、做围堰、灌水。栽植完毕后,应在边带的一侧设立临时性的护栏,阻止行人横穿色带,保护新栽的树苗。

(5)花卉的栽植

从花圃挖起花苗之前,应先灌水浸湿圃地,起苗时根土才不易松散。同种花苗的大小、高矮应尽量保持一致,过于弱小或过于高大的都不要选用。花卉栽植时间,在春、秋、冬三季基本没有限制,但夏季的栽种时间最好在上午 11 时之前和下午 4 时以后,要避开太阳暴晒。花苗运到后,应及时栽种。栽植花苗时,对于一般的花坛应从中央开始栽,栽完中部图案纹样后,再向边缘部分扩展栽下去;对于单面观赏花坛的栽植,则要从后边栽起,逐步栽到前边;宿根花卉与一二年生花卉混植时,应先种植宿根花卉,后种植一二年生花卉;大型花坛,宜分区、分块种植。若是模纹花坛和标题式花坛,则应先栽模纹、图线、字形,后栽底面的植物。在栽植同一模纹的花卉时,若植株稍有高矮不齐,应以矮植株为准,对较高的植株则栽得深一些,以保持顶面整齐。立体花坛制作模型后,按上述方法种植。花苗的株行距应随植株大小高低而确定,以成苗后不露出地面为宜。如植株较小的株行距可为 15cm×15cm;中等植株的株行距可为 20cm×20cm 至 40cm×40cm;对较大的植株,则可采用 50cm×50cm 的株行距,五色苋及草皮类植物是覆盖型的草类,可不考虑株行距,密集铺种即可。栽植深度对花苗的生长发育有很大的影响。栽植过深,花苗根系生长不良,甚至会腐烂死亡;栽植过浅,则不耐干旱,而且容易倒伏。一般栽植深度,以所埋之土刚好与根茎处相齐为最好。球根类花卉的栽植深度,应更加严格掌握,一般覆土厚度应为球根高度的 1～2 倍。

栽植完成后,要立即浇一次透水,使花苗根系与土壤密切接合,并应保持植株清洁。

(6)草坪的建植

大部分冷季型草坪草都能用种子建植法建坪。暖季型草坪草中,假俭草、斑点雀稗、地毯草、野牛草和普通狗牙根均可用种子建植法来建植,也可用无性建植法来建植。马尼拉结缕草、杂交狗牙根则一般常用无性繁殖的方法建坪。

常见播种方法主要有以下三种：

①喷播法。喷播是一种把草坪草种子、覆盖物、肥料等混合后加入液流中进行喷射播种的方法。喷播机上安装有大功率、大出水量单嘴喷射系统,把预先混合均匀的种子、黏结剂、覆盖物、肥料、保湿剂、染色剂和水的浆状物,通过高压喷到土壤表面。喷播使种子留在表面,不能与土壤混合和进行滚压,通常需要在上面覆盖植物(秸秆或无纺布)才能获得满意的效果。该方法中,混合材料选择及其配比是保证播种质量效果的关键。

②撒播法。播种草坪草时要把种子均匀地撒于坪床上,并把它们混入 6mm 深的表土中。播深取决于种子大小,种子越小,播种越浅。若播得过深,在幼苗进行光合作用和从土壤中吸收营养元素之前,胚胎内储存的营养就不能满足幼苗的营养需求而导致幼苗死亡。而播得过浅,使种子与土壤没有充分混合时,种子则会被地表径流冲走、被风刮走或发芽后干枯。

③营养体建植。用于建植草坪的营养体繁殖方法包括铺草皮、栽草块、栽枝条。营养体建植与播种相比,其主要优点是见效快。

铺草皮。起草皮时,厚度应越薄越好,所带土壤以 1.2~2.5cm 为宜,草皮中应无或有少量枯草层形成。也可以把草皮上的土壤洗掉以减轻重量,促进扎根,减少草皮土壤与移植地土壤质地差异较大而引起土壤层次形成的问题。质量良好的草皮均匀一致、无病虫、杂草,根系发达,在起卷、运输和铺植操作过程中不会散落,并能在铺植后 1~2 周内扎根。这种方法的主要优点是形成草坪块,可以在任何时候(北方封冻期除外)进行,且栽后管理容易,缺点是成本高,并要求有丰富的草源。

栽草块。这种方法是将草块均匀栽植在坪床上的一种草坪建植方法。草块上以带有约5cm 厚的土壤为宜。

栽枝条。栽枝条通常的做法是把枝条种在条沟中,相距 15~30cm,深 5~7cm。每根枝条要有 2~4 个节,栽植过程中,要在条沟填土后使一部分枝条露出土壤表层。插入枝条后要立刻滚压和灌溉,以加速草坪草的恢复和生长。也可使用机械来栽植,把枝条成束地送入机器的滑槽内,并且自动地种植在条沟中。有时也可直接把枝条放在土壤表面,然后用扁棍把枝条插入土壤中。

4. 支撑

较大苗为了防止被风吹倒,应立支柱支撑,多风地区尤应注意,沿海多台风地区,往往需埋水泥预制以固定高大乔木,常见的支撑方式有如下两种。

①单支柱。用固定的木棍或竹竿,斜立于下风方向,深埋入土 30cm。支柱与树干之间用草绳隔开,并将两者捆紧。

②双支柱。用两根木棍在树干两侧,垂直钉入土中。支柱顶部捆一横挡,先用草绳将树干与横挡隔开以防擦伤树皮,然后用绳将树干与横挡捆紧。

行道树立支柱,应注意不影响交通,一般不用斜支法,常用双支柱、三脚撑或定型四脚撑。

5. 灌水

树木定植后 24h 内必须浇上第 1 遍水,定植后第 1 次灌水称为头水。水要浇透,使泥土充分吸收水分,灌头水主要目的是通过灌水将土壤缝隙填实,保证树根与土壤紧密结合以利根系发育,故也称为压水。

水灌完后应作一次检查,由于踩不实树身会倒歪,要注意扶正,树盘被冲坏时要修好。之后应连续灌水,尤其是大苗,在气候干旱时,灌水极为重要,千万不可疏忽。常规做法为定植后必须连续灌3次水,之后视情况适时灌水。第1次连续3天灌水后,要及时封堰(穴),即将灌足水的树盘撒上细面土封住,称为封堰,以免蒸发和土表开裂透风。树木栽植后的浇水量参见表4-2。

表 4-2　树木栽植后的浇水量

乔木及常绿树胸径(cm)	灌木高度(m)	绿篱高度(m)	树堰直径(cm)	浇水量(kg)
	1.2～1.5	1～1.2	60	50
	1.5～1.8	1.2～1.5	70	75
3～5	1.8～2	1.5～2	80	100
5～7	2～2.5		90	200
7～10			110	250

6. 扶直封堰

①扶直。浇第1遍水渗入后的次日,应检查树苗是否有倒、歪现象,发现后应及时扶直,并用细土将堰内缝隙填严,将苗木固定好。

②中耕。水分渗透后,用小锄或铁耙等工具,将土堰内的土表锄松,称"中耕"。中耕可以切断土壤的毛细管,减少水分蒸发,有利于保墒。植树后浇三水之间,都应中耕1次。

③封堰。浇第3遍水并待水分渗入后,用细土将灌水堰内填平,使封堰土堆稍高于地面。土中如果含有砖石杂质等物,应挑拣出来,以免影响下次开堰。华北、西北等地区秋季植树,应在树干基部堆成30cm高的土堆,以保持土壤水分,并能保护树根,防止风吹摇动,影响成活。

7. 养护

(1)乔、灌木的养护

乔木的养护是指城市园林乔木及灌木的整形修剪及越冬防护。城市园林乔木修剪的目的在于调节养分,扩大树冠,尽快发挥绿化功能;整理树形,整顺枝条,使树冠枝繁叶茂,疏密适宜,充分发挥观赏效果;同时又能通风透光,减少病虫害的发生。有些行道树还需要解决好与交通、电线等的矛盾。

(2)棕榈的养护

棕榈喜温暖环境,南方地区一般不受冻害。入冬后,在比较寒冷地区的棕榈,应加缚草绳或薄膜防寒,特别要保护好顶芽。棕榈要求有充足的光照,喜湿润环境,夏秋两季,天气干热时,要经常给植株喷水。入秋后,追施一次磷钾肥,以增加植株的抗寒性。

(3)绿篱的养护

①新植绿篱,如苗木较好,栽植的第一年,任其自由生长,以免因修剪过早影响根系生

长。第二年开始,按照预定的高度进行截顶,凡是超过规定高度的老枝或嫩枝一律剪去。同一条绿篱应统一高度和宽度,两侧过长的枝条也应将梢剪去,使整条篱体平整、通直,并促使萌发大量的新枝,形成紧密的篱带。修剪时在绿篱带的两头各插一根竹竿,再沿绿篱上口和下沿拉绳子,作为修剪的准绳,这样才能把篱修得平整,笔直划一,高度、宽度一致。

②衰老绿篱的更新修剪时,应当强剪更新,将绿篱从基部平茬,只留 4～5cm 的主干,其余全部剪去,一年之后由于侧枝大量的萌发,初步形成篱体,两年之后即恢复成原来的形状,达到更新复壮的目的。这种方法只适用于萌芽力与成枝能力强,耐修剪的阔叶树种。

如果调整空间能改善植物长势的话,也可采用间隔挖掘的办法,挖掉一些植株,加大株行距,让它们自然生长,不再整形,起防护作用而已。

(4)花卉的养护

中耕除草是花卉养护的重要环节,中耕不宜在土壤太湿时进行。要使用小花锄和小竹片等工具进行,花锄用于成片花坛的中耕,小竹片用于盆栽花卉。中耕可应注意如下事项:

①中耕的深度以不伤根为原则。

②根系深、中耕深,根系浅、中耕浅。

③近根处宜浅、远根处宜深。

④草本花卉、中耕浅,木本花卉中耕深。

在中耕同时要拔除杂草,平时进行其他管理时看见杂草也应及时拔除,杂草应连根去尽,尤其不能拖过杂草结实成熟以后才除草,以免留下后患。一般普通家庭栽培花卉,宜用手拔除杂草。如果栽植面积较大,杂草较多,也可以使用化学除草剂。

为了调节植株各部的生长,促进开花,以及防止病虫害,也要对花卉进行修剪。一般从修枝、摘叶、摘心、除芽、去蕾五个方面进行。

为了提交花卉的观赏价值,保持植株的外形美观,还需对其进行整形植株的外观造型整形。

此外,花卉的浇水与施肥也尤为重要。浇花的水质以软水为好,一般使用河水为好,其次为池水及湖水,不宜用泉水。城市栽花可以使用自来水,但不宜直接从水龙头上接水来浇花,而应在浇花前先将水存放几个小时或在太阳下晒一段时间。肥料作为花卉植物的养料来源之一,对花卉的生长也具有极重要的影响。

(5)水生植物的养护

水生植物的养护主要是水分管理,沉水、浮水、浮叶植物从起苗到种植过程都不能长时间离开水,尤其是炎热的夏天施工,苗木在运输过程中要做好降温保湿工作,确保植物体表湿润,做到先灌水,后种植。如不能及时灌水,则只能延期种植。挺水植物和湿生植物种植后要及时灌水,如不能及时灌水时,则要保证经常浇水,使土壤水分保持过饱和状态。

(6)草坪的养护

新建草坪建植后,应做到及时修剪、合理施肥、及时灌溉。

①新植草坪灌水应使用灌溉强度较小的喷灌系统。以雾状喷灌为好,灌水速度不应超过土壤有效吸水速度,灌水应持续到土壤 2.5～5cm 深处完全湿润为止,避免土壤过涝,特

别是在床面上产生积水小坑时,要缓慢排除积水。

②新植草坪修剪。对新建的草坪应及时进行修剪,一般新生植株高达5cm时即可进行。未完全成熟的草坪应遵循"1/3原则",每次修剪时,剪掉的部分不能超过叶片自然高度(未剪前的高度)的1/3。直至草坪草完全覆盖床面为止。新建公共草坪高度一般为3～4cm,修剪工作常在土壤较硬时进行,剪草机刀刃应锋利,调整应适当。为避免对幼苗的过度伤害,修剪工作应在草坪上无露水时进行,最好是在叶子不发生膨胀的下午进行。

三、绿地喷灌

1. 阀门井砌筑

①在已安装完毕的排水管的检查井位置,放出检查井中心位置线,按检查井半径摆出井壁砌墙位置。在检查井基础面上,先铺砂浆后再砌砖,一般圆形检查井采用一砖墙砌筑。采用内缝小外缝大的摆砖方法,外灰缝塞碎砖,以减少砂浆用量。每层砖上下皮竖灰缝应错开。随砌筑随检查弧形尺寸。

②井内踏步,应随砌随安随坐浆,其埋入深度不得小于设计规定,踏步安装后,在砌筑砂浆未达到规定强度前,不得踩踏。

③排水管管口伸入井室30mm,当管径大于30mm时,管顶应砌砖圈加固,以减少管顶压力,当管径大于或等于1000mm时,拱圈高应为250mm;当管径小于1000mm时,拱圈高应为125mm。

④排水检查井内的流槽,应在井壁砌到管顶时进行砌筑。污水检查井流槽的高度与管顶齐平。雨水检查井流槽的高度应为管径的1/2。当采用砖砌筑时,表面应用1∶2水泥砂浆分层压实抹光,流槽应与上下游管道接顺。

⑤砌筑检查井的预留支管,应随砌随安,预留管的管径、方向、标高应符合设计要求。管与井壁衔接处应严密不得漏水,预留支管口宜用低强度等级砂浆砌筑,封口抹平。

2. 管道固筑

管道固筑是指用水泥砂浆或混凝土支墩对管道的某些部位进行压实或支撑固定。采取这项措施的目的在于减少喷灌系统在启动、关闭或运行时,产生的水锤和震动,增加管网系统的安全性。管道加固措施一般在水压试验和泄水试验合格后实施,具体要求如下:

①对于沟槽中敷设的管道,采用水泥砂浆压实的方法加固;对于阀门井中的管道,采用砖或混凝土支墩进行加固。

②对于管径为75mm以上,或水流速度大于2.5m/s的管道一般均应采取加固措施。

③对于地埋管道,需要采取加固措施的管道位置一般为:弯头、三通、变径、堵头以及间隔一定距离的直线管段。

④管道的支墩不应设置在松土上,其后背应紧靠原状土;如无条件,应采取措施保证支墩的稳定。

3. 感应电控设施安装

1)控制电缆安装。控制电缆要根据电缆的护套类型选择适当的安装方法,对于铠装控制电缆可直接地埋,但塑料、橡胶护套电缆必须用管线铺设。电缆的安装可与喷灌管道施工同时进行,多直接铺设于管槽一侧或两侧,铺时电缆的两端要统一编号,以利于控制器与电磁阀的连接。

2)控制器的安装。控制器的安装可有室内型和室外型两种。室内型控制器多采用挂墙方式安装。

①安装高度以利于维修和操作为宜;室外型控制器应安装于喷灌区以外或边缘,且要将控制器安放在防水型控制箱内。

②安装于喷灌区以外的宜用挂墙式,置于喷灌区边缘的一般采用混凝土基础低位安装,混凝土基础应高出绿地 10cm,且使控制面板向外。控制器的安装位置要离电机、配电箱等电器设备最少 5m。

3)电磁阀安装。安装电磁阀时,要先对管路进行全面冲洗,根据电磁阀安装方向与水流方向一致的原则,在电磁阀的上游安装球阀,在电磁阀的下游安装泄水阀,以便于电磁阀的检修和冬季泄水。

4. 管道水压试验

施工安装期间应对管道进行分段水压试验,施工安装结束后应进行管网水压试验。试验结束后,均应编写水压试验报告。对于较小的工程可不做分段水压试验。水压试验应选用 0.35 或 0.4 级标准压力表。被测管网应设调压装置。

1)耐水压试验。

①管道试验段长度不宜大于 1000m。

②管道注满水后,金属管道和塑料管道经 24h、水泥制品管道经 48h 后,方可进行耐水压试验。

③试验宜在环境温度 5℃ 以上进行,否则应有防冻措施。

④试验压力不应小于系统设计压力的 1.25 倍。

⑤试验时升压应缓慢,达到试验压力后,保压 10min,无泄漏、无变形即为合格。

2)渗水量试验。在耐水压试验保压 10min 期间,如压力下降大于 0.05MPa,则应进行渗水量试验。

试验时应先充水,排净空气,然后,缓慢升压至试验压力,立即关闭进水阀门,记录下降 0.1MPa 压力所需的时间 T_1(min);再将水压升至试验压力,关闭进水阀并立即开启放水阀,往量水器中放水,记录下降 0.1MPa 压力所需的时间 T_2(min),测量在 T_2 时间内的放水量 W(L),按下式计算实际渗水量:

$$q_B = \frac{W}{T_1 - T_2} \times \frac{1000}{L}$$

式中　q_B——1000m 长管道实际渗水量(L/min);

　　　L——试验管段长度(m)。

允许渗水量则按下式计算:

$$q_B = K_B \sqrt{d}$$

式中　q_B——1000m 长管道允许渗水量(L/min);

　　　K_B——渗水系数;钢管为 0.05,硬聚氯乙烯管、聚丙烯管为 0.08,铸铁管为 0.10,聚乙烯管为 0.12,钢筋混凝土管、钢丝网水泥管为 0.14。

5. 刷防护材料油漆

在经过除锈且干燥的防腐材料表面均匀涂上　层油漆,保持干燥,使管道等不受大气、地下水、管道本身的介质腐蚀以及电化学腐蚀。

第二节　园林绿化工程项目特征介绍

一、绿地整理

1)伐树和挖树根应注明树干的胸径,如胸径 18cm。

2)砍挖灌木丛应具体注明灌木的丛高,如丛高 1.2m。

3)挖竹根。

①挖散生竹竹根时,应注明竹的胸径,如胸径 12cm。

②挖丛生竹竹根时,应注明竹丛的根盘(或竹蔸)的直径大小,如根盘直径 300mm 以内。

4)挖芦苇应注明芦苇的丛高,如丛高 1.3m。

5)清除草皮应注明清除草皮丛高,如草皮丛高 0.2m。

6)整理绿化用地应注明以下几点:

①土壤类别、回填厚度。

②土质要求。

③取土运距、弃渣运距。

7)屋顶花园基底处理。

①找平层、排水层厚度,砂浆的种类及配合比,如找平层厚度 100mm,排水层厚度 100mm,1∶3 水泥砂浆。

②过滤层、回填轻质土的厚度、材质。

③防水层的种类及做法,如二布三涂的 SBS 防水层,过滤层厚 100mm,炉渣。

④屋顶高度,如屋顶高 21m。

8)树木胸径。胸径是胸高直径的简称,立木测定的最基本因子之一,其为树干距地面以上相当于一般成年人胸高部位的直径。

由于人的高矮不一,为使量测点一致,胸高的具体高度在一个国家内部都是统一规定的,但在不同国家并不一致。我国和大多数国家胸高位置定为地面以上 1.3m 高处,这个标准高度对一般成人来讲,是用轮尺测定读数比较方便的高度。

9)丛高。灌木丛或芦木丛顶端距地坪高度。

10)土壤类别。园林工程中,土壤通常采用两种分类方法:一种是按土的坚硬程度、开挖难易划分,即通常所见的以普氏分类为标准。表列普氏分类:Ⅰ、Ⅱ类为一、二类土壤(普通土);Ⅲ类为三类土壤(坚土);Ⅳ类为四类土壤(砂砾坚土)。另一种土壤及岩石的分类是按土的地质成因、颗粒组成或塑性指数及工程特征来划分,主要在勘察设计、施工、技术等部门中用于土的定名,判别土的工程及力学性质、承载力及变形性等。前者称为土(石)施工分类(即普氏分类)(表 4-3),后者称为土石工程分类。

11)回填轻质土厚度及种类。为减轻屋顶的附加荷重,种植土常选用经过人工配置的,既含有植物生长必需的各类元素,又含有比露地耕土密度小的种植土。国内外用于屋顶花园的种植土种类很多,如日本采用人工轻质土壤,其土壤与轻骨料(蛭石、珍珠岩、煤渣和泥炭等)的体积比为3∶1;它的密度约为1.4t/m³,根据不同植物的种植要求,轻质土壤的厚度为15～150cm。

表 4-3　土壤及岩石(普氏)分类表

土石分类	普氏分类	土壤及岩石名称	天然湿度下平均容量/(kg/m³)	极限压碎强度/(kg/cm²)	用轻钻孔机钻进1m耗时1min	开挖方法及工具	紧固系数 f
一、二类土壤	I	砂 砂壤土 腐殖土 泥炭	1500 1600 1200 600	—	—	用尖锹开挖	0.5～0.6
	II	轻壤土和黄土 潮湿而松散的黄土,软的盐渍土和碱土 平均直径15mm以内的松散而软的砾石 含有草根的密实腐殖土 含有直径在30mm以内根类的泥炭和腐殖土 掺有卵石、碎石和石屑的砂和腐殖土 含有卵石或碎石杂质的胶结成块的填土 含有卵石、碎石和建筑料杂质的砂壤土	1600 1600 1700 1400 1100 1650 1750 1900	—	—	用锹开挖并少数用镐开挖	0.6～0.8
三类土壤	III	肥黏土中包括石炭纪、侏罗纪的黏土和冰黏土 重壤土、粗砾石,粒径为15～40mm的碎石和卵石 干黄土和掺有碎石或卵石的自然含水量黄土 含有直径大于30mm根类的腐殖土或泥炭 掺有碎石或卵石和建筑碎料的土壤	1800 1750 1790 1400 1900	—	—	用尖锹并同时用镐开挖(30%)	0.8～1.0
四类土壤	IV	含碎石重黏土,其中包括侏罗和石炭纪的硬黏土 含有碎石、卵石、建筑碎料和重达25kg的顽石(总体积10%以内)等杂质的肥黏土和重壤土 冰渍黏土,含有质量在50kg以内的巨砾,其含量在总体积的10%以内 泥板岩 不含或含有质量达10kg的顽石	1950 1950 2000 2000 1950	—	—	用尖锹并同时用镐和撬棍开挖(30%)	1.0～1.5

常用轻质人造土壤材料的物理性质见表 4-4。

表 4-4　常用轻质人造土壤材料的物理性质

材料名称	密　度(t/m³)		水量(%)	孔隙度(%)
	干	湿		
沙壤土	1.58	1.95	35.7	1.8
木屑	0.18	0.68	49.3	27.9
蛭石	0.11	0.65	53.0	27.5
珍珠石	0.10	0.29	19.5	53.9
稻壳	0.10	0.23	12.3	68.7

二、栽植花木

(1)栽植说明

1)栽植乔木应说明乔木的种类、胸径及养护期,如白蜡,胸径 15cm,养护期 12 个月。

2)栽植竹类。

①散生竹应说明竹的种类、胸径及养护期,如斑竹,胸径 28mm,养护期 12 个月。

②丛生竹应说明根盘(竹兜)直径,如凤尾竹,根盘直径 300mm 以内,养护期 12 个月。

3)栽植棕榈类应说明棕榈的种类、株高及养护期,如蒲葵,高 2.8m,养护期 10 个月。

4)栽植灌木应说明灌木的种类、灌木丛高及养护期,如紫丁香,高 1.8m,养护期 12 个月。

5)栽植绿篱应说明绿篱的种类、篱高和行数及养护期,如大叶黄杨,高 0.8m,养护期 6 个月。

6)栽植攀缘植物应说明攀缘植物的种类及养护期,如牵牛花,养护期 6 个月。

7)栽植色带应说明色带的苗木、花草种类,株高及养护期,如红枫杜鹃,高 1.0m,养护期 6 个月。

8)栽植花卉应说明花卉的种类及养护期,如非洲凤仙,养护期 3 个月。

9)栽植水生植物应说明水生植物的种类及养护期,如睡莲,养护期 4 个月。

10)铺种草皮应说明草皮的种类、铺种方式及养护期,如早熟禾,养护期 12 个月。

11)喷播植草应说明草籽的种类及养护期,如黑麦草,养护期 12 个月。

(2)植物种类及特征

1)乔木种类。按其树体高大程度可分为伟乔(特大乔木树高超过 30m 以上)、大乔(树高 20～30m 之间)、中乔(树高 10～20m 之间)、小乔(树高 6～10m)。乔木分类还有落叶乔木和常绿乔木的划分方法。

①落叶乔木是指每年秋冬季节或干旱季节叶全部脱落的乔木。一般指温带的落叶乔木,如山楂、梨、苹果、梧桐等,落叶是植物减少蒸腾、度过寒冷或干旱季节的一种适应,这一习性是植物在长期进化过程中形成的。常见品种有银杏、红枫、玉兰等。

②常绿乔木则是指一种终年具有绿叶的乔木,这种乔木的叶寿命是两三年或更长,并且每年都有新叶长出,在新叶长出的时候也有部分旧叶的脱落,由于是陆续更新,所以终年都能保持常绿,如樟树、紫檀、马尾松、柚木等。这种乔木由于其有四季常青的特性,因此常被

用来作为绿化的首选植物，由于它们常年保持绿色，其美化和观赏价值更高。

常见乔木主要规格质量标准见表4-5和表4-6。

表 4-5　城市园林绿化常用落叶乔木主要规格质量标准

类别	树　种	学　名	干径 (≥cm)	修剪后主枝 长度(≥cm)	冠径 (≥m)	分枝点高 (≥m)	移植次数 (≥次)
落叶乔木	银杏	Ginkgo biloba	7		1.5	2.5	3
	水杉	Metasequoia glyptostroboides	7		1.2		3
	毛白杨	Populus tomentosa	7	0.5		3.0	2
	旱柳	Salix matsudana	7	0.5		2.5	2
	垂柳	Salix babylonica	7	0.5		2.5	2
	馒头柳	salix matsudana var. umbraculifera	7	0.4		2.5	2
	金丝垂柳	Salix alba 'Tristis'	7	0.4		2.5	2
	核桃	Juglans regia	7	0.5			3
	枫杨	Pterocarya stenoptera	7	0.4			2
	栓皮栎	Quercus variabilis	5		1.2		3
	白榆	Ulmus pumila	7	0.5			2
	垂枝榆	Ulmus glabra 'Camperdownii'	4		1.0	2.0	
	榉树	Zelkova schneideriana	5	0.4			3
	小叶朴	Celtis bungeana	5	0.4			2
	青檀	Pteroceltis tatarinowii	5	0.4			2
	玉兰	Magnolia denudata	4		1.0		3
	望春玉兰	Magnoia biondii	5		1.0		3
	二乔玉兰	Magnolia×soulangeana	4		1.0		3
	杂种鹅掌楸	Liriodendron chinense×tulpifera	5		1.2		2
	杜仲	Eucommia ulmoides	7	0.4			2
	悬铃木	Platanus acerifolia	7	0.5		3.0	2
	西府海棠	Malus spectabilis	3		0.8		2
	垂丝海棠	Malus halliana	3				
	钻石海棠	Malus 'Sparkler'	3		0.8		
	王族海棠	Malus 'Royalty'	3		0.8		
	紫叶李	Prunus cerasifera 'Atropurpurea'	4		0.8		2
	樱花	Prunus serrulata	4		1.0		2
	山桃	Prunus davidiana	4		0.8		2
	山杏	Prunus armeniaca var. ansu	4		0.8		2
	合欢	Albizzia julibrissin	5	0.4			2
	皂荚	Gleditsia sinensis	5	0.5			3

续表 4-5

类别	树种	学名	干径 (≥cm)	修剪后主枝 长度(≥cm)	冠径 (≥m)	分枝点高 (≥m)	移植次数 (≥次)
落叶乔木	刺槐	Robinia pseudoacacia	5	0.4			2
	槐树	Sophora japonica	7	0.5		2.5	3
	龙爪槐	Sophora japonica ver. pendula	4		1.0	2.0	
	臭椿	Ailanthus altissima	7	0.4		2.5	2
	千头椿	Ailanthus altissima 'Qiantou'	7	0.4		2.5	2
	丝棉木	Euonymus bungeanus	5	0.4			2
	元宝枫	Acer truncatum	7	0.4		2.5	2
	鸡爪槭	Acer palmatum	4		0.8		2
	七叶树	Aesculus chinensis	5	0.5			3
	栾树	Koelreuteria paniculata	7	0.4		2.5	2
	枣树	Ziziphus jujuba	4	0.4			3
	糠椴	Tilia mandshurica	5	0.4			3
	蒙椴	Tilia mongolica	5	0.4			3
	梧桐	Firmiana simplex	7	0.4			2
	桂香柳	Elaeagnus angustifolia	3				
	柿树	Diospyros kaki	5	0.4			2
	君迁子	Diospyros lotus	5	0.4			2
	绒毛白蜡	Fraxinus pennsylvanica	7	0.4		2.5	2
	北京丁香	Syringa pekinensis	4		1.0		2
	流苏	Chionanthus retusus	4		0.8		3
	毛泡桐	Paulownia tomentosa	7	0.5		2.5	2
	梓树	Catalpa ovata	6	0.4			2
	楸树	Catalpa bungei	6	0.4			2
	黄金树	Catalpa speciosa	6	0.4			2

表 4-6 城市园林绿化常用常绿乔木主要规格质量标准

类别	树种	学名	树高 (≥cm)	干径 (≥cm)	冠径 (≥m)	分枝点高 (≥m)	移植次数 (≥次)
常绿乔木	辽东冷杉	Abies holophylla	3		1.2		2
	红皮云杉	Picea koraiensis	3				
	白杆	Picea meyeri	2		1.5		3
	青杆	Picea wilsonii	2		1.5		3
	雪松	Cedrus deodara	4		2.0		3
	油松	Pinus tabulaeformis	4		1.5		3
	白皮松	Pinus bungeana	3		1.5		3

续表 4-6

类别	树 种	学 名	树高 (≥cm)	干径 (≥cm)	冠径 (≥m)	分枝点高 (≥m)	移植次数 (≥次)
常绿乔木	华山松	Pinus armandii	3		1.5		3
	侧柏	Platycladus orientalis	3		1.2		2
	桧柏	Sabina chinensis	4		1.0		3
	西安桧	Sabina chinensis cv.	2.5		1.2		3
	龙柏	Sabina chinensis 'Kaizuca'	2.5		1.0		2
	蜀桧	Sabina komarovii	3		1.0		2
	女贞	Ligustrum lucidum		4	1.2		2

③乔木胸径。乔木胸径是胸高直径的简称,即树干距地面以上相当于一般成年人胸高部位的直径。

2)竹种类。竹的种类很多,品种计500余种,大多可供庭院观赏,著名品种有:楠竹、凤尾竹、阔叶箬竹、斑竹等。

常用竹类主要规格质量标准见表4-7。

表 4-7 城市园林绿化常用竹类主要规格质量标准

类 型	竹种	苗龄(a)	母竹分枝数(支)	竹鞭长(cm)	竹鞭个数(个)	竹鞭芽眼数(个)
散生竹	紫竹	2~3	2~3	>0.3	>2	>2
	毛竹	2~3	2~3	>0.3	>2	>2
	方竹	2~3	2~3	>0.3	>2	>2
	淡竹	2~3	2~3	>0.3	>2	>2
丛生竹	佛肚竹	2~3	1~2	>0.3	—	2
	凤凰竹	2~3	1~2	>0.3	—	2
	粉箪竹	2~3	1~2	>0.3	—	2
	撑篙竹	2~3	1~2	>0.3	—	2
	黄金间碧竹	3	2~3	>0.3	—	2
混生竹	倭竹	2~3	2~3	>0.3	—	>1
	苦竹	2~3	2~3	>0.3	—	>1
	阔叶箬竹	2~3	2~3	>0.3	—	>1

3)灌木种类。灌木枝干系统不是明显治理的主干,其地面枝条有的直立,即直立灌木;有的拱垂,即垂枝灌木;有的蔓生地面,即蔓生灌木;有的攀缘它木,即攀缘灌木;有的在地面以下或近根茎处分枝丛生,即丛生灌木。如其高度不超过0.5m的称为小灌木;如地面枝条冬季枯死,翌春重新萌发者,成为半灌木或亚灌木。

常见灌木主要规格质量标准见表 4-8。

表 4-8　城市园林绿化常用灌木主要规格质量标准

类别	树　种	学　　名	主枝数 (≥个)	蓬径 (≥m)	苗龄 (≥a)	灌高 (≥m)	主条长度 (≥m)	基径 (≥cm)	移植次数 (≥次)
落叶灌木	牡丹	Paeonia suffruticosa	5	0.5	6	0.8			2
	紫叶小檗	Berberis thunbergii	6	0.5	3	0.8	0.8		
	蜡梅	Chimonanthus praecox				1.5			1
	太平花	Philadelphus pekinensis	5	0.8	3	1.2			1
	溲疏	Deutzia scabra	5	0.8	3	1.2			1
	香茶藨子	Ribes odoratum	5	0.8	4	1.5			1
	绣线菊类	Spiraea	5	0.8	4	1.0			1
	珍珠梅	Sorbaria kirilowii	6	0.8	4	1.2	1.0		1
	平枝枸子	Cotoneaster horizontalis	5	0.5	4				1
	水枸子	Cotoneaster multiflorus	5	0.8	3	1.2			1
	贴梗海棠	Chaenomeles speciosa	5	0.8	5	1.0			1
	品种月季								1
	丰花月季		4	0.5	3	0.8			1
	地被月季		3	0.8	3		0.8		1
	重瓣黄刺玫	Rosa xanthina	6	0.8	4	1.2	1.0		1
	重瓣棣棠	Kerria japonica var. pleni flora	6	0.8	6	1.0	0.8		5
	鸡麻	Rhodotypos scandens	5	0.8	4	1.2			1
	碧桃	Prunus persica f. suplex	3	1.0	5	1.5		3	1
	山碧桃		3	1.0	5	1.5		3	1
	垂枝碧桃	Prunus persica f. pendula	3	1.0	5	1.2		3	1
	紫叶碧桃	Prunus persica f. atropurpurea	3	1.0	5	1.5		3	1
	寿星桃	Prunus persica f. densa	3	0.8	6	1.2		2	1
	重瓣榆叶梅	Prunus triloba f. plena	3	1.0	5	1.5		3	1
	毛樱桃	Prunus tomentosa	3	0.8	5	1.2		3	1
	麦李	Prunus glandulosa	3	1.0	5	1.2		3	1
	郁李	Prunus japonica	3	0.8	5	1.2		3	1
	杏梅	Prunus mume var. bungo	3	0.8	5	1.2		2	1
	美人梅	Prunus mume'Meiren Mei'	3	0.8	5	1.2		2	1
	紫叶矮樱	Prunus×cistena	3	0.8	5	1.2		2	1
	紫荆	Cercis chinensis	5	0.8	6	1.5		6.2	1
	花木蓝	Indigofera kirilowii	5	0.5	4	1.0			1
	锦鸡儿	Caragana sinica	5	0.5	4	1.0			1
	多花胡枝子	Lespedeza floribunda	5	0.8	4	1.2			1
	枸橘	Poncirus trifoliata	5	0.8	4	1.0			1

续表 4-8

类别	树　种	学　名	主枝数（≥个）	蓬径（≥m）	苗龄（≥a）	灌高（≥m）	主条长度（≥m）	基径（≥cm）	移植次数（≥次）
落叶灌木	黄栌	Cotinus coggygria	5	0.8	3	1.5			1
	美国黄栌	Cotinus obovatus	5	0.8	3	1.5			1
	木槿	Hibiscus syriacus	5	0.5	3	1.2			1
	柽柳	Tamarix chinensis	5	0.8	3	1.6			1
	沙棘	Hippophae rhamnoides	5	0.8	3	1.5		7	1
	紫薇	Lagersroemia indica	5	0.8	4	1.5			1
	单干紫薇		5	0.8	4	1.5		8.2	1
	红花紫薇		5	0.8	4	1.5		2	1
	白花紫薇		5	0.8	4	1.5		2	1
	花石榴		5	0.8	3	1.2		9.2	1
	果石榴		5	0.8	3	1.2		3	1
	红瑞木	Cornus alba	6	0.8	4	1.0	0.8		1
	黄瑞木	Cornus sericea 'Flaniramea'	6	0.8	4	1.0	0.8		1
	山茱萸	Cornus officinalis	5	0.8	5	1.2		10.3	1
	四照花	Cornus kousa	5	0.8	5	1.2		3	1
	连翘	Forsythia suspense	5	0.8	3	1.0	1.0		1
	金钟花	Forsythia viridissima	6	0.8	3	1.0	1.0		1
	紫丁香	Syringa oblata	5	0.8	3	1.5			1
	白丁香	Syringa oblata var. af finis	5	0.8	3	1.5			1
	波斯丁香	Syringa persica	6	0.8	3	1.2	1.0		1
	蓝丁香	Syringa meyeri	5	0.8	3	1.5			1
	小叶女贞	Ligustrum quihoui	5	0.8	3	1.5			1
	金叶女贞	Ligustrum vircaryi	5	0.5	3	0.8			1
	水蜡	Ligustrum obtusifolium	5	0.8	3	1.5			2
	迎春	Jasminum mudiflorum	5	0.5	4	0.8	0.6		1
	海洲常山	Clerodendrum trichotomum	5	0.8	3	1.5			1
	小紫珠	Callicarpa dichotoma	5	0.5	3	1.2			1
	宁夏枸杞	Lycium barbarum	5	0.5	3	1.2			1
	锦带花	Weigela florida	6	0.5	3	1.0	0.8		1
	红王子锦带	Weigela florida 'Red prince'	6	0.5	3	1.0	0.8		1
	海仙花	Weigela coraeensis	5	0.8	4	1.2			1
	猬实	Kolkwitzia amabilis	5	0.8	3	1.5			2
	糯米条	Abelia chinensis	5	0.8	3	1.5			2
	金银木	Lonicera maackii	5	0.8	3	1.5			1
	鞑靼忍冬	Lonicera tatarica	5	0.8	3	1.5			1

续表 4-8

类别	树 种	学 名	主枝数(≥个)	蓬径(≥m)	苗龄(≥a)	灌高(≥m)	主条长度(≥m)	基径(≥cm)	移植次数(≥次)
落叶灌木	金叶接骨木	Sambucus nigra'Aurea'	5	0.8	3	1.5			1
	天目琼花	Viburnum sargentii	5	0.8	3	1.5			1
	香荚蒾	Viburnum farreri	5	0.8	4	1.2			1
常绿灌木	矮紫杉	Taxus cuspidata	4	0.5	6	0.5			1
	铺地柏	Sabina chinensis'Procumbens'	3	0.6	4		0.5	1.5	1
	鹿角桧	Sabina chinensis'Pfitzeriana'	3	0.5	4	0.8			1
	粉柏	Sabina squamata	3	0.5	5	0.8			2
	砂地柏	Sabina vulgaris	3	0.6	4		0.5		1
	洒金柏	Platycladus orientalis 'Beverleyensis'	3	0.5	4	1.2			1
	粗榧	Cephalotaxus sinensis	4	0.5	4	0.8		2	1
	锦熟黄杨	Buxus sempervirens	3	0.3	4	0.5			1
	朝鲜黄杨	Buxus microphylla	3	0.5	4	0.5			1
	枸骨	Ilex cornuta	3	0.6	4	0.8			1
	大叶黄杨	Euonymus japonicus	4	0.5	4	0.8			1
	北海道黄杨	Euonymus japonicus'Cu Zhi'	3	0.3	3	1.0			1
	胶东卫矛	Euonymus kiautshovicus	4	0.8	3	1.0			1
	凤尾兰	Yucca gloriosa		0.5	4	0.5		2	1

4)冠丛高。冠丛高是指地表面至乔(灌)木顶端的高度。

5)绿篱种类。

①根据高度可分:绿墙(1.6mm 以上),能够完全遮挡住人们的视线;高绿篱(1.2～1.6m),人的视线可以通过,但人不能跨越而过,多用于绿地的防范、屏障视线、分隔空间、作其他景物的背景;中绿篱(0.6～1.2m),有很好的防护作用,多用于种植区的围护及建筑基础种植;矮绿篱(0.5m 以下),花镜镶边、花坛、草坪图案花纹。

②根据功能要求与观赏要求可分:常绿绿篱、花篱、观果篱、刺篱、落叶篱、蔓篱与编篱等;例如花篱,不但花色、花期不同,而且还有花的大小、形状、有无香气等的差异而形成情调各异的景色。

③根据作用可分:隔音篱、防尘篱、装饰篱。

④根据生态习性可分:常绿篱、半常绿篱、落叶篱。

⑤根据修剪整形可分:不修剪篱和修剪篱,即自然式和整形式,前者一般只施加少量的调节生长势的修剪,后者则需要定期进行整形修剪,以保持体形外貌。在同一景区,自然式植篱和整形式植篱可以形成完全不同的景观,必须善于运用。绿篱的基本形式根据人们的不同要求,绿篱可修剪成不同的形式。规则式绿篱每年须修剪数次。为了使绿篱基部光照充足,枝叶繁茂,其断面常剪成正方形、长方形、梯形、圆顶形、城垛、斜坡形。

梯形绿篱。这种篱体上窄下宽,有利于地基部侧枝的生长和发育,不会因得不到光照而枯死稀疏。

矩形绿篱。这种篱体造型比较呆板,顶端容易积雪而受压变形,下部枝条也不易接受到充足的光照,以致部分枯死而稀疏。

圆顶绿篱。这种篱体适合在降雪量大的地区使用,便于积雪向地面滑落,防止积雪将篱体压变形。

自然式绿篱。一些灌木或小乔木在密植的情况下,如果不进行规整式修剪,常长成这种形态。

⑥按种植方式可分为单行式和双行式,中国园林中一般为了见效快而采用品字形的双行式,有些园林师主张采用单行式,理由是单行式有利于植物的均衡生长,双行式不但不利于均衡生长,而且费用高,又容易滋生杂草。

6)篱高。篱高是指绿篱苗木顶端距地坪高度。

7)行数、株距。绿篱的种植密度是根据使用目的、不同树种、苗木规格、绿篱形式、种植地宽度而定。矮篱距约 15～30cm,行距 20～40cm,宽度约 30～60cm;中篱株距 50cm,行距 70cm;高篱株距约 60～150cm,行距约 100～150cm,宽度 150～250cm。两排以上的绿篱,植株应呈品字形交叉栽植。

8)攀缘植物种类。攀缘植物按茎的质地可分为木本(藤本)和草本(蔓草)两大类。按攀缘习性又可分为:缠绕类、吸附类、卷须或叶攀类及攀靠类四大类。

①缠绕类。茎缠绕支撑物呈螺旋状向上生长,如牵牛类等。

②吸附类。枝蔓借助于黏性吸盘或吸附气生根而稳定于其他物表面,支持植株向上生长,如常春藤属等。

③卷须或叶攀类。借助卷须、叶柄等卷攀其他物而使植株向上生长。卷须多由腋生茎、叶生或气生根变态而成;长而卷轴,单条或分叉。如葡萄属等。

④攀靠类。植株借助于藤蔓上的钩刺攀附,或以蔓条架靠其他物而向上生长。

在园林中应用时,常需有人工引导辅以必要措施。常见藤本主要规格质量标准见表 4-9。

表 4-9　城市园林绿化常用灌木主要规格质量标准

类别	树　种	学　名	苗龄 (≥a)	分支数 (≥个)	主蔓径 (≥cm)	主蔓长 (≥m)	移植次数 (≥次)
常绿藤木	小叶扶芳藤	Euonymus fortunei	4	3	1.0	1.0	1
	大叶扶芳藤	Euonymus fortunei var. radicans	3	3	1.0	1.0	1
	常春藤类	Hedera	3	3	0.3	1.0	1
落叶乔木	山荞麦	Fagopyrum esculentum	2	4	0.3	1.0	1
	蔷薇	Rosa multiflora	3	3	1.0	1.5	1
	白玉棠	Rosa multiflora var. albo-plena	3	3	1.0	1.5	1
	木香	Rosa banksiae	3	3	1.0	1.2	1
	藤本月季		3	3	1.0	1.0	1
	紫藤	Wisteria sinensis	5	4	2.0	1.5	2
	南蛇藤	Gelastrus orbiculatus	3	4	0.5	1.0	1

续表 4-9

类别	树　种	学　名	苗龄 (≥a)	分支数 (≥个)	主蔓径 (≥cm)	主蔓长 (≥m)	移植次数 (≥次)
落叶乔木	山葡萄	Vitis amurensis	3	3	1.0	1.5	1
	地锦	Parthenocissus tricuspidata	2	3	0.8	2.0	1
	美国地锦	Parthenocissus quinque folia	2	3	1.0	2.5	1
	软枣猕猴桃	Actinidia arguta	3	4	0.5	2.0	1
	中华猕猴桃	Actinidia chinensis	3	4	0.5	2.0	1
	美国凌霄	Campsis radicans	3	4	0.8	1.5	1
	金银花	Lonicera japonica	3	3		1.0	1

9)棕榈类植物。城市园林绿化中,常用棕榈类植物主要规格质量标准见表4-10。

表 4-10　城市园林绿化常用棕榈类主要规格质量标准

类型	树　种	树高(m)	灌高(m)	树龄(a)	基径(cm)	冠径(m)	蓬径(m)	移植次数(次)
乔木型	棕榈	0.6~0.8	—	7~8	6~8	1	—	2
	椰子	1.5~2	—	4~5	15~20	1	—	2
	王棕	1~2	—	5~6	6~10	1	—	2
	假槟榔	1~1.5	—	4~5	6~10	1	—	2
	长叶刺葵	0.8~1.0	—	4~6	6~8	1	—	2
	油棕	0.8~1.0	—	4~5	6~10	1	—	2
	蒲葵	0.6~0.8	—	8~10	10~12	1	—	2
	鱼尾葵	1.0~1.5	—	4~6	6~8	1	—	2
灌木型	棕竹	—	0.6~0.8	5~6	—		0.6	2
	散尾葵	—	0.8~1	4~6	—		0.8	2

10)花卉种类。栽植花卉依生态、习性分为露地花卉、水生花卉和岩生花卉三大类。

①露地花卉。露地花卉依其生活史又可分为三类。

一年生花卉。在一个生长季内完成生活史的植物。即从播种到开花、结实、枯死均在一个生长季内完成。一般春天播种、夏秋生长,开花结实,然后枯死,因此,一年生花卉又称春播花卉。如凤仙花、鸡冠花、百日草、半支莲、万寿菊等。

二年生花卉。在两个生长季内完成生活史的花卉。当年只生长营养器官,越年后开花、结实、死亡。这类花卉,一般秋天播种,次年春季开花。因此,这类花卉常称为秋播花卉。如五彩石竹、紫罗兰、羽衣甘蓝、瓜叶菊等。

多年生花卉。个体寿命超过两年的,能多次开花结实。根据地下部分形态变化,又可分两类:

宿根花卉。地下部分形态正常,不发生变态的。如芍药、玉簪、萱草等。

球根花卉。地下部分变态肥大者。根据其变态形状又分为以下五大类:

鳞茎类,地下茎呈鱼鳞片状。外被纸质外皮的叫有皮鳞茎,如水仙、郁金香、朱顶红。鳞片的外面没有外皮包被的叫无皮鳞茎,如百合。

球茎类。地下茎呈球形或扁球形,外面有革质外皮。如唐菖蒲、香雪兰等。

根茎类。地下茎肥大呈根状,上面有明显的节,新芽着生在分枝的顶端,如美人蕉、荷花、睡莲、玉簪等。

块茎类。地下茎呈不规则的块状或条状,如马蹄莲、仙客来、大岩桐、晚香玉等。

块根类。地下主根肥大呈块状,根系从块根的末端生出,如大丽花。

②水生花卉。在水中或沼泽地生长的花卉,如睡莲、荷花等。

③岩生花卉。指耐旱性强,适合在岩石园栽培的花卉。常在园林中选用。一般为宿根性或基部木质化的亚灌木类植物,还有蕨类等好阴湿的花卉。

11)水生植物种类。根据水生植物的生活方式与形态的不同,一般将其分为以下三类:挺水型水生植物、浮水型水生植物及沉水型水生植物。

①挺水型水生植物。挺水型水生植物植株高大,花色艳丽,绝大多数有茎、叶之分;直立挺拔,下部或基部沉于水中,根或地茎扎入泥中生长发育,上部植株挺出水面。挺水型植物种类繁多,常见的有荷花、黄花鸢尾、千尾菜,菖蒲、香蒲、慈姑等。

②浮水型水生植物。浮水型水生植物又分为浮叶型水生植物和漂浮型水生植物。

浮水型水生植物的根状茎发达,花大,色艳,无明显的地上茎,而它们的体内通常贮藏有大量的气体,使叶片或植株能漂浮于水面上。常见种类有王莲、睡莲、萍蓬草、芡实、荇菜等,种类较多。

漂浮型水生植物。漂浮型水生植物种类较多,这类植株的根不生于泥中,株体漂浮于水面之上,随水流风浪四处漂泊,多数以观叶为主,为池水提供装饰和绿荫。又因为它们既能吸收水里的矿物质,同时又能遮蔽射入水中的阳光,所以,也能够抑制水藻的生长。漂浮植物的生长速度很快,能更快地提供水面的遮盖装饰。但有些品种生长、繁衍得特别迅速,可能会成为水中一害,如水葫芦等。所以需要定期用网捞出一些,否则它们就会覆盖整个水面。另外,也不要将这类植物引入面积较大的池塘,因为如果想将这类植物从大池塘当中除去将会非常困难。

③沉水型水生植物。沉水型水生植物根茎生于泥中,整个植株沉入水体之中,通气组织特别发达,利于在水中空气极度缺乏的环境中进行气体交换。叶多为狭长或丝状,植株的各部分均能吸收水中的养分,而在水下弱光的条件下也能正常生长发育。对水质有一定的要求,因为水质会影响其对弱光的利用。花小,花期短,以观叶为主。它们能够在白天制造氧气,有利于平衡水中的化学成分和促进鱼类的生长。

12)草皮种类。

①按草皮来源划分。天然草皮。这类草皮一般是将自然生长的草地修剪平整,然后平铲为不同大小、不同形状的草皮,以供出售或自己铺设草坪。天然草皮管理比较粗放,一般用于铺植水土保持地或道路绿化。

人工草皮。这类草皮是指人工种子直播或用营养繁殖体建成的草皮。人工草皮成本要比天然草皮的高,管理较精细,但草皮质量好,整齐美观,能满足不同客户的需要。

②按不同区域划分。冷季型草皮。由冷季型草坪草繁殖生产的草皮就称为冷季型草

皮,也叫作"冬绿型草皮"。这类草皮的耐寒性较强,在部分地区冬期常绿,但夏季不耐炎热,在春、秋两季生长旺盛,非常适合在我国北方地区铺植。如早熟禾草皮、高羊茅草皮、黑麦草草皮等。

暖季型草皮。由暖季型草坪草繁殖生产的草皮,也叫作"夏绿型草皮"。这类草皮冬期呈休眠状态,早春开始返青,复苏后生长旺盛。进入晚秋,一经霜害,其草的茎叶就会枯萎退绿,如天鹅绒草皮、狗牙根草皮、地毯草草皮等。

③按培植年限不同区分。一年生草皮。这类草皮是指草皮的生产与销售在同一年进行。一般来说,是春季播种,经过 3～4 个月的生长后,就可于夏季出圃。

越年生草皮。这类草皮是指在第一年夏末播种,于第二年春天出售的草皮,越年生产草皮既可以减少杂草的危害,降低养护成本;又可以在早春就出售草皮,满足春季建植草坪绿地的需要。

④按栽培基质不同区分。普通草皮。这类草皮是指以壤土为栽培基质的草皮。它具有生产成本比较低的特点,但因为每出售一茬草皮,就要带走一层表土,如此下去,就会使土壤的生产能力大大减弱,因此对土壤破坏力比较大。这也是草皮生产中有待解决的问题。

轻质草皮。又叫无土草皮,主要采用轻质材料或容易消除的材料如河沙、泥炭、半分解的纤维素、蛭石、炉渣等为栽培基质的草皮。具有重量轻、便于运输、根系保存完好、移植恢复生长快等的特点,而且能保护土壤耕作层,所以,将是我国发展优质草皮的一个方向。

⑤按草皮植物组合不同区分。混合草皮。这类草皮是指由多种草皮植物混合建植而形成的草皮,在我国北方主要采用早熟禾＋紫羊茅＋多年生黑麦草的组合,而在南方则主要以狗牙根＋地毯草(或结缕草)为主体草种,同时混入多年生黑麦草等作为保护草种。

单纯草皮。这类草皮又称单一草皮,是指由一种草本植物组成的草皮,在我国北方一般选用冷季型草坪草来生产草皮。但在南方,生产草皮时不仅可用暖季型草坪草,还可用一些抗热性比较强的冷季型草坪草。

三、绿地喷灌

(1)喷灌设施特征

①土壤类别,如二类土。

②管道、阀门、喷头的品种规格,如镀锌钢管 $DN50$,截止阀 $DN50$,直射式喷头。

③防护材料、油漆的品种及遍数,如刷红丹防锈漆两遍。

(2)阀门井种类与规格

①给水阀门井。一般为砖砌圆形,由井底、井身和井盖组成。井底一般采用 C20 混凝土垫层,井底内径不小于 1.2m,井身采用 MU10 红砖用 M5.0 水泥砂浆砌筑;井深不小于1.8m;井壁应逐渐向上收拢,且一侧应为直壁,便于设置铁爬梯上下。

②排水阀门井。排水阀门井的作用是连接由水池引出的泄水管和溢水管在井内交汇,然后再排入排水管网。为便于控制,在泄水管道上应安装阀,溢水管应接于阀后,确保溢水管排水通畅。排水阀门井的构造同给水阀门井。

(3)管道品种与规格

①铸铁管。承压能力强,一般为 1MPa。工作可靠,寿命长(约 30～60 年),管体齐全,加工安全方便。但其重量大、搬运不便、价格高。使用 10～20 年后内壁生铁瘤,内径变小,阻力加大,输水能力下降。

②钢管。承压能力大,工作压力 1MPa 以上,韧性好、不易断裂、品种齐全、铺设安装方便。但价格高、易腐蚀、寿命比铸铁管短,约 20 年左右。

③钢筋混凝土管。有自应力和预应力两种。可承受 0.4～0.7MPa 的压力,使用寿命长、节省钢材、运输安装施工方便、输水能力稳定、接头密封性好、使用可靠。但自重大、质脆、耐冲击性差、价格高。

④薄壁钢管。用 0.7～1.5mm 的钢带卷焊而成。重量较轻、搬运方便、强度高、承压能力大、压力达 1MPa,韧性好、不易断裂、抗冲击较好、使用寿命长,约 10～15 年,但价格较高。可制成移动式管道,但重量较铝合金和塑料移动式管道重。

⑤铝合金管。承压能力较强,一般为 0.8MPa,韧性好、不易断裂、耐酸性腐蚀、不易生锈,使用寿命较长,水性能好、内壁光滑。但价格较高、不耐冲击、耐磨性较钢管差,不耐强碱腐蚀。

⑥石棉水泥管。用 75%～85% 的水泥和 15%～25% 的石棉纤维混合后制成。承压 0.6MPa 以下,价格较便宜、重量较轻、输水性能比较稳定、加工性好、耐腐蚀、使用寿命长。但质地较脆、不耐冲击、运输中易破坏、质地不均匀、横向拉伸能力低,在温度变化作用下易发生环向断裂,使用时应用较大的安全系数。

⑦硬塑料管。喷灌常用的硬塑料管有聚氯乙烯管、聚乙烯管、聚丙烯管等。承压能力随壁厚和管径不同而不同,一般为 0.4～0.6MPa。硬塑料管耐腐蚀、寿命长、重量小、易搬运、内壁光滑、水力性能好、过水能力稳定、有一定韧性、能适应较小的不均匀沉陷。但受温度影响大,高温变形、低温变脆、受光热老化后强度逐渐下降,工作压力不稳定,膨胀系数较大。

⑧涂塑软管。主要有锦纶塑料软管和维纶塑料软管两种,分别是以锦纶丝和维纶丝织成管坯,内处涂上聚氯乙烯制成。其重量轻、便于移动、价格低。但易老化、不耐磨、强度低、寿命短,可使用 2～3 年。

(4)管件、阀门与喷头

1)管件。管件是指管路连接部分的成型零件,如管箍、弯头、三通、异径管、法兰等。

2)阀门。阀门是控制水流、调节管道内的水量和水压的重要设备。阀门通常放在分支管处、穿越障碍物和过长的管线上。配水干管上装设阀门的距离一般为 400～1000m,并不应超过三条配水支管。阀门一般设在配水支管的下游,以便关阀门时不影响支管供水。在支管上也设阀门。配水支管上的阀门不应隔断 5 个以上消防栓。阀门的口径一般和水管的直径相同。

3)喷头。按照喷头的工作压力与射程来分,可把喷灌用的喷头分为高压远射程、中压中射程和低压近射程三类喷头。而根据喷头的结构形式与水流形状,则可把喷头分为旋转类、漫射类和孔管类三种类型。喷头布置形式见表 4-11。

①旋转式喷头。其管道中的压力水流通过喷头而形成一股集中的射流喷射而出,再经自然粉碎形成细小的水滴洒落到地面。在喷洒过程中,喷头绕竖向轴缓缓旋转,使其喷射范围形成一个半径等于其射程的圆形或扇形。其喷射水流集中,水滴分布均匀,射程达 30m

以上,喷灌效果比较好,所以得到了广泛的应用。这类喷头中,因其转动机构的构造不同,又可分为摇臂式、叶轮式、反作用式和手持式等四种形式。

表 4-11　喷头的布置形式

序号	喷头组合图形	喷洒方式	喷头间距 L、支管间距 b 与射程 R 的关系	有效控制面积 S	适用情况
1	 正方形	全圆形	$L=b=1.42R$	$S=2R^2$	在风向改变频繁的地方效果较好
2	 正三角形	全圆形	$L=1.73R$ $b=1.5R$	$S=2.6R^2$	在无风的情况下喷灌的均度最好
3	 矩形	扇形	$L=R$ $b=1.73R$	$S=1.73R^2$	
4	 等腰三角形	扇形	$L=R$ $b=1.87R$	$S=1.865R^2$	

　　②漫射式喷头。这种喷头是固定式的,在喷灌过程中所有部件都固定不动,而水流却是呈圆形或扇形向四周分散开。其喷头的射程较短,在 5～10m 之间;喷灌强度大,在 15～20mm/h 以上;但喷灌水量不均匀,近处比远处的喷灌强度大得多。

③孔管式喷头。这类喷头实际上是一些水平安装的管子。在水平管子的顶上分布有一些整齐排列的小喷水孔。孔径仅 1～2mm。喷水孔在管子上有排列成单行的,也有排列为两行以上的,可分别叫作单列孔管和多列孔管。

(5)管道固定方式

管道的连接方式常用内接式和外接式两种。

(6)油漆种类

①樟丹防锈漆。用于钢铁表面第一层,能防止钢铁表面生锈,和其他油漆粘结力较好。

②银粉漆。一般用于面漆,它主要起美观作用。

③沥青底漆。是用 70% 的汽油与 30% 的沥青配制而成。当金属不加热而涂刷沥青时应先涂刷底漆,它能使沥青和金属面很好地粘结在一起。

④沥青黑漆。市场有成品出售,使用方便。阀门等防锈漆均是这种材料。

常用油漆的选用见表 4-12。

表 4-12　常用油漆选用

管道种类	表面温度 (℃)	序号	油漆种类	
			底漆	面漆
不保温的管道	≤60	1	铝粉环氧防腐底漆	环氧防腐漆
		2	无机富锌底漆	环氧防腐漆
		3	环氧沥青底漆	环氧沥青防腐漆
		4	乙烯磷化底漆＋过氯乙烯底漆	过氯乙烯防腐漆
		5	铁红醇醛底漆	醇醛防腐漆
		6	红丹醇醛底漆	醇醛耐酸漆
		7	氯磺化聚乙烯底漆	氯磺化聚乙烯磁漆
	60～250	8	无机富锌底漆	环氧耐热磁漆、清漆
		9	环氧耐热底漆	环氧耐热磁漆、清漆
保温管道	保温	10	铁红酚醛防锈漆	
	保冷	11	石油沥青	
		12	沥青底漆	

第三节　园林绿化工程计价定额相关规定及计算规则(以黑龙江省建设工程计价为例)

一、园林绿化工程计价定额相关规定

1)除定额另有说明外,均已包括施工地点 50m 范围内的搬运费用。

2)定额已包括施工后绿化地周围 2m 以内的清理工作,不包括种植前清除垃圾及其他障碍物,障碍物及种植前后的垃圾清运另行计算。

3)定额不包括苗木的检疫及土壤测试等内容。

4)伐树、树木修剪定额中所列机械如未发生,可从定额中扣除,其他不变。

5)绿地整理。

①整理绿地是按人工整地编制的,包括整地范围内±30cm 的人工平整,超过±30cm 或需要采用机械挖填土方时,另行计算。

②伐树定额,如树冠幅内外有障碍物(电杆及电线等),人工乘以系数 1.67;如地面有障碍物(房屋等),人工乘以系数 2;如树冠幅内外及地面均有障碍物时,人工乘以系数 2.50,胸径是指离地 1.2m 处的树干直径。如伐树胸径与定额不同时,可按内差法计算。

6)栽植花木。

①栽植花木定额中包括种植前的准备工作。

②起挖或栽植树木定额均以一、二类土为准,如为三类土,人工乘以 1.34 系数;如为四类土,人工乘以 1.76 系数。

③冬季起挖或栽植树木,如有冻土,起挖树木按相应起挖定额人工乘以 1.87 系数,栽植树木按相应栽植定额人工乘以 0.6 系数,同时增加挖树坑项目。

④栽植以原土回填为准,如需换土,按换土定额计算(换土量按附表计算)。

⑤绿篱、攀缘植物、花草等如需计算起挖时,按照灌木起挖定额执行。

⑥栽植绿篱高度指剪后高度。

⑦露地花卉子目中五色草定额栽植未含五色草花坛抹泥造型,需要时另行计算。

⑧起挖花木项目中带土球花木的包扎材料,定额按草绳综合考虑,无论是用稻草,塑料编织袋(片)或塑料简易花盆包扎,均按照定额执行,不予换算。

7)抚育。

①行道树浇水指公共绿化街道的浇水。补植浇水时,乘以系数 1.3。

②绿地、小区庭院树木水车浇水按行道树浇水定额乘以系数 0.8。

③带刺灌木修剪按灌木修剪相应定额执行,人工乘以系数 1.43。

8)其他。

①攀缘植物养护定额包括施有机肥,如实际未发生,应予扣除,其他不变。

②药剂涂抹、注射,药剂叶面喷洒定额中未包括药剂,药剂用量按照配比另行计算。树木涂白按涂 1m 高编制。

二、园林绿化工程定额工程量计算规则

1)嵌草栽植定额工程量按铺种面积计算,不扣除空隙面积。满铺草皮按实际绿化面积计算。

2)抚育的工程量按实际栽植数量乘以需要抚育的次数进行计算。

3)草坪施肥定额按施肥草坪面积以平方米计算。

4)草绳绕树按草绳长度以米计算。

第四节　园林绿化工程清单项目设置规则及说明

一、绿地整理

绿地整理工程量清单项目设置、项目特征描述的内容、计量单位、工程量计算规则应按表 4-13 的规定执行。

表 4-13 绿地整理(编码:050101)

项目编码	项目名称	项目特征	计量单位	工程量计算规则	工作内容
050101001	砍伐乔小	树干胸径	株	按数量计算	1. 砍伐 2. 废弃物运输 3. 场地清理
050101002	挖树根(蔸)	地径			1. 挖树根 2. 废弃物运输 3. 场地清理
050101003	砍挖灌木丛及根	丛高或蓬径	1. 株 2. m²	1. 以株计量,按数量计算 2. 以平方米计量,按面积计算	1. 砍挖 2. 废弃物运输 3. 场地清理
050101004	砍挖竹及根	根盘直径	株(丛)	按数量计算	
050101005	砍挖芦苇(或其他水生植物)及根	根盘丛径	m²	按面积计算	
050101006	清除草皮	草皮种类			1. 除草 2. 废弃物运输 3. 场地清理
050101007	清除地被植物	植物种类			1. 清除植物 2. 废弃物运输 3. 场地清理
050101008	屋面清理	1. 屋面做法 2. 屋面高度		按设计图示尺寸以面积计算	1. 原屋面清扫 2. 废弃物运输 3. 场地清理
050101009	种植土回(换)填	1. 回填土质要求 2. 取土运距 3. 回填厚度 4. 弃土运距	1. m³ 2. 株	1. 以立方米计量,按设计图示回填面积乘以回填厚度以体积计算 2. 以株计量,按设计图示数量计算	1. 土方挖、运 2. 回填 3. 找平、找坡 4. 废弃物运输
050101010	整理绿化用地	1. 回填土质要求 2. 取土运距 3. 回填厚度 4. 找平找坡要求 5. 弃渣运距	m²	按设计图示尺寸以面积计算	1. 排地表水 2. 土方挖、运 3. 耙细、过筛 4. 回填 5. 找平、找坡 6. 拍实 7. 废弃物运输

续表 4-13

项目编码	项目名称	项目特征	计量单位	工程量计算规则	工作内容
050101011	绿地起坡造型	1. 回填土质要求 2. 取土运距 3. 起坡平均高度	m³	按设计图示尺寸以体积计算	1. 排地表水 2. 上方挖、运 3. 耙细、过筛 4. 回填 5. 找平、找坡 6. 废弃物运输
050101012	屋顶花园基底处理	1. 找平层厚度、砂浆种类、强度等级 2. 防水层种类、做法 3. 排水层厚度、材质 4. 过滤层厚度、材质 5. 回填轻质土厚度、种类 6. 屋面高度 7. 阻根层厚度、材质、做法	m²	按设计图示尺寸以面积计算	1. 抹找平层 2. 防水层铺设 3. 排水层铺设 4. 过滤层铺设 5. 填轻质土壤 6. 阻根层铺设 7. 运输

注:整理绿化用地项目包含厚度≤300mm回填土,厚度>300mm回填土,应按现行国家标准《房屋建筑与装饰工程工程量计算规范》GB 50854 相应项目编码列项。

二、栽植花木

栽植花木工程量清单项目设置、项目特征描述的内容、计量单位、工程量计算规则应按表 4-14 的规定执行。

表 4-14　栽植花木(编码:050102)

项目编码	项目名称	项目特征	计量单位	工程量计算规则	工作内容
050102001	栽植乔木	1. 种类 2. 胸径或干径 3. 株高、冠径 4. 起挖方式 5. 养护期	株	按设计图示数量计算	1. 起挖 2. 运输 3. 栽植 4. 养护
050102002	栽植灌木	1. 种类 2. 根盘直径 3. 冠丛高 4. 蓬径 5. 起挖方式 6. 养护期	1. 株 2. m²	1. 以株计量,按设计图示数量计算 2. 以平方米计量,按设计图示尺寸以绿化水平投影面积计算	

续表 4-14

项目编码	项目名称	项目特征	计量单位	工程量计算规则	工作内容
050102003	栽植竹类	1. 竹种类 2. 竹胸径或根盘丛径 3. 养护期	株（丛）	按设计图示数量计算	1. 起挖 2. 运输 3. 栽植 4. 养护
050102004	栽植棕榈类	1. 种类 2. 株高、地径 3. 养护期	株		
050102005	栽植绿篱	1. 种类 2. 篱高 3. 行数、蓬径 4. 单位面积株数 5. 养护期	1. m 2. m³	1. 以米计量，按设计图示长度以延长米计算 2. 以平方米计量，按设计图示尺寸以绿化水平投影面积计算	
050102006	栽植攀缘植物	1. 植物种类 2. 地径 3. 单位长度株数 4. 养护期	1. 株 2. m	1. 以株计量，按设计图示数量计算 2. 以米计量，按设计图示种植长度以延长米计算	
050102007	栽植色带	1. 苗木、花卉种类 2. 株高或蓬径 3. 单位面积株数 4. 养护期	m²	按设计图示尺寸以绿化水平投影面积计算	
050102008	栽植花卉	1. 花卉种类 2. 株高或蓬径 3. 单位面积株数 4. 养护期	1. 株（丛、缸） 2. m²	1. 以株（丛、缸）计量，按设计图示数量计算 2. 以平方米计量，按设计图示尺寸以水平投影面积计算	1. 起挖 2. 运输 3. 栽植 4. 养护
050102009	栽植水生植物	1. 植物种类 2. 株高或蓬径或芽数/株 3. 单位面积株数 4. 养护期	1. 丛（缸） 2. m²		
050102010	垂直墙体绿化种植	1. 植物种类 2. 生长年数或地（干）径 3. 栽植容器材质、规格 4. 栽植基质种类、厚度 5. 养护期	1. m² 2. m	1. 以平方米计量，按设计图示尺寸以绿化水平投影面积计算 2. 以米计量，按设计图示种植长度以延长米计算	1. 起挖 2. 运输 3. 栽植容器安装 4. 栽植 5. 养护

续表 4-14

项目编码	项目名称	项目特征	计量单位	工程量计算规则	工作内容
050102011	花卉立体布置	1. 草本花卉种类 2. 高度或蓬径 3. 单位面积株数 4. 种植形式 5. 养护期	1. 单体（处） 2. m²	1. 以单体（处）计量，按设计图示数量计算 2. 以平方米计量，按设计图示尺寸以面积计算	1. 起挖 2. 运输 3. 栽植 4. 养护
050102012	铺种草皮	1. 草皮种类 2. 铺种方式 3. 养护期	m²	按设计图示尺寸以绿化投影面积计算	1. 起挖 2. 运输 3. 铺底砂（土） 4. 栽植 5. 养护
050102013	喷播植草（灌木）籽	1. 基层材料种类规格 2. 草（灌木）籽种类 3. 养护期	m²	按设计图示尺寸以绿化投影面积计算	1. 基层处理 2. 坡地细整 3. 喷播 4. 覆盖 5. 养护
050102014	植草砖内植草	1. 草坪种类 2. 养护期			1. 起挖 2. 运输 3. 覆土（砂） 4. 铺设 5. 养护
050102015	挂网	1. 种类 2. 规格	m²	按设计图示尺寸以挂网投影面积计算	1. 制作 2. 运输 3. 安放
050102016	箱/钵栽植	1. 箱/钵体材料品种 2. 箱/钵外形尺寸 3. 栽植植物种类、规格 4. 土质要求 5. 防护材料种类 6. 养护期	个	按设计图示箱/钵数量计算	1. 制作 2. 运输 3. 安放 4. 栽植 5. 养护

注：(1)挖土外运、借土回填、挖(凿)土(石)方应包括在相关项目内。

(2)苗木计算应符合下列规定：

①胸径应为地表面向上 1.2m 高处树干直径。

②冠径又称冠幅，应为苗木冠丛垂直投影面的最大直径和最小直径之间的平均值。

③蓬径应为灌木、灌丛垂直投影面的直径。

④地径应为地表面向上 0.1m 高处树干直径。

⑤干径应为地表面向上 0.3m 高处树干直径。

⑥株高应为地表面至树顶端的高度。

⑦冠丛高应为地表面至乔(灌)木顶端的高度。

⑧篱高应为地表面至绿篱顶端的高度。

⑨养护期应为招标文件中要求苗木种植结束后承包人负责养护的时间。

(3)苗木移(假)植应按花木栽植相关项目单独编码列项。

(4)土球包裹材料、树体输液保湿及喷洒生根剂等费用包含在相应项目内。

(5)墙体绿化浇灌系统按绿喷灌相关项目单独编码列项。

(6)发包人如有成活率要求时，应在特征描述中加以描述。

三、绿地喷灌

绿地喷灌工程量清单项目设置、项目特征描述的内容、计量单位、工程量计算规则应按表 4-15 的规定执行。

表 4-15　绿地喷灌（编码：050103）

项目编码	项目名称	项目特征	计量单位	工程量计算规则	工作内容
050103001	喷灌管线安装	1. 管道品种、规格 2. 管件品种、规格 3. 管道固定方式 4. 防护材料种类 5. 油漆品种、刷漆遍数	m	按设计图示管道中心线长度以延长米计算，不扣除检查（阀门）井、阀门、管件及附件所占的长度	1. 管道铺设 2. 管道固筑 3. 水压试验 4. 刷防护材料、油漆
050103002	喷灌配件安装	1. 管道附件、阀门、喷头品种、规格 2. 管道附件、阀门、喷头固定方式 3. 防护材料种类 4. 油漆品种、刷漆遍数	个	按设计图示数量计算	1. 管道附件、阀门、喷头安装 2. 水压试验 3. 剧防护材料、油漆

注：①挖填土石方应按现行国家标准《房屋建筑与装饰工程工程量计算规范》GB 50854 附录 A 相关项目编码列项。

②阀门井应按现行国家标准《市政工程工程量计算规范》GB 50857 相关项目编码列项。

第五节　园林绿化工程工程量计算

一、绿地整理

【示例】　某绿地，如图 4-1 所示。现重新整修，需要把以前所种植物全部更新，绿地面

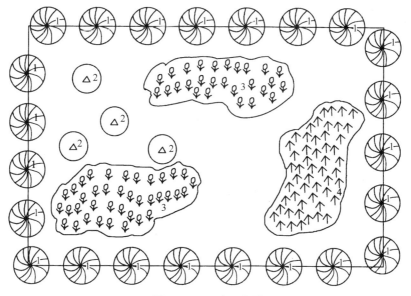

图 4-1　××小区绿地

1. 毛白杨　2. 红叶李　3. 竹子　4. 月季

积为330m²,绿地中两个灌木丛占地面积为80m²,竹林面积为50m²,挖出土方量为30m³。场地需要重新平整,绿地内为普坚土,挖出土方量为130m³,种入植物后还余20m³,试求挖竹根清单工程量。

【解】 项目编码:050101002

项目名称:挖竹根。

工程量计算规则:按数量计算。

竹子:56株。

二、栽植花木

【示例】 某绿化带呈S形,如图4-2所示,半弧长5.8m,宽1.6m,则此栽植S形绿化带清单工程量是多少。

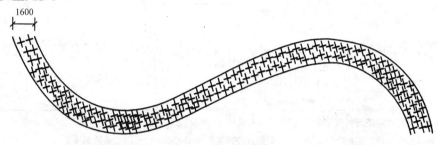

图4-2　S形绿化带

【解】 项目编码:050102007

项目名称:栽植色带。

工程量计算规则:按设计图示尺寸以面积计算。

S形绿化带的面积=5.8×1.6×2=18.56m²。

工程量清单计算见表4-16。

【示例】 根据图4-3所示,试求其工程量。

【解】 清单工程量如下:

(1)项目编码: 050102001

项目名称:栽植乔木

工程量计算规则:按设计图示数量计算。

广玉兰:6株　　垂柳:5株

(2)项目编码:050102009

项目名称:栽植水生植物

工程量计算规则:按设计图示数量或面积计算。

水生植物:120丛

(3)项目编码:050102012

项目名称不:铺种草皮

工程量计算规则:按设计图示尺寸以面积计算。

高羊茅:1000.00m²

清单工程量计算见表4-16。

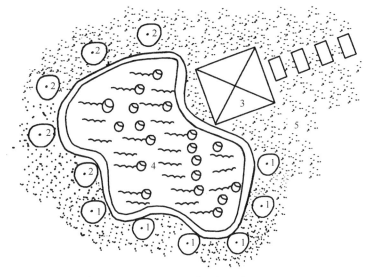

图 4-3 ××绿地局部示意图

1. 广玉兰 2. 垂柳 3. 亭子 4. 水生植物 5. 高羊茅

注:垂柳 5 株;广玉兰 6 株;水生植物 120 丛;高羊茅 1000.00m²

表 4-16 清单工程量计算

序号	项目编码	项目名称	项目特征描述	计量单位	工程量
1	050102001001	栽植乔木	广玉兰	株	6
2	050102001002	栽植乔木	垂柳	株	15
3	050102009001	栽植水生植物	养护 3 年	丛	120
4	050100212001	铺种草皮	高羊茅	m²	1000.00

三、喷灌

【示例】 图 4-4 所示为某绿地给水管网的布置形式,从供水主管接出分管共 65m,为铝合金管,管外径为 DN35;从分管至喷头的支管为 95m,同样是铝合金管,管外径为 DN22,喷头为旋转式 DN18,共 12 个,低压手动 $\phi35$ 阀门 1 个,$\phi22$ 的 1 个,水表 1 组,试求其工程量。

【解】

项目编码:050103001

项目名称:喷灌设施

工程量计算规则:按设计图示尺寸以长度计算。

喷灌设施水管数量为 160m。

分管 DN35:65m(铝合金管)

分管 DN22:95m(铝合金管)

旋转式喷头 DN18:12 个

低压手动阀门 $\phi35$:1 个;$\phi22$:1 个

水表:1 组

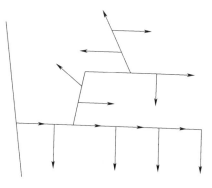

图 4-4 某绿地给水管网布置示意图

投标总价封面

_____工程

投 标 总 价

招 标 人：_____

（单位盖章）

年　　月　　日

投 标 总 价

招　标　人：_____

工 程 名 称：××景观处绿化工程_____

投标总价(小写)：77,925,080.66(元)_____

　　　　(大写)：柒仟柒佰玖拾贰万伍仟零捌拾元陆角陆分

投　标　人：_____
　　　　　　　　(单位盖章)

法定代表人
或其授权人：_____
　　　　　　　　(签字或盖章)

编　制　人：_____
　　　　　　　　　(造价人员签字盖专用章)
　　　　　　_____

编 制 时 间：　　年　月　日

单位工程投标报价汇总表

工程名称:××景观处绿化工程　　　　标段:　　　　　　　　

序号	项目名称	金额(元)	其中:暂估价(元)
1	分部分项工程	75 141 581.93	3 323 650
1.1			
1.2	一绿地整理	1 216 211.32	
1.3	二栽植土球苗木	4 919 697.16	3 323 650
1.4	三栽植露根灌木	1 653 799.92	
1.5	四栽植花卉、禾草	67 351 873.53	
2	措施项目		
2.1	安全文明施工费		
3	其他项目		—
3.1	暂列金额		—
3.2	专业工程暂估		—
3.3	计日工		—
3.4	总承包服务费		—
4	规费	213 877.56	—
5	税金	2 569 621.17	—
	招标控制价合计=1+2+3+4+5	77,925,080.66	3 323 650

注:本表适用于单位工程招标控制价或投标报价的汇总,如无单位工程划分,单项工程也使用本表汇总。

分部分项工程量清单与计价表

工程名称:××景观处绿化工程　　　　　标段:　　　　　　　　　　第1页 共12页

序号	项目编码	项目名称	项目特征描述	计量单位	工程量	综合单价	合价	其中:暂估价
	一	绿地整理						
1	050101006007	整理绿化用地	1、土方挖、运 2. 回填、找平、找坡、拍实 3. 渣土外运	m²	19039	4.91	93481.49	
2	050101006008	挖土方	1. 回填土质要求 2. 取土运距	m³	9519.5	61.76	587924.32	
3	050101006009	屋顶花园基底处理	1. 客土(营养土)配比、运输、覆盖 2. 覆250mm营养土	m²	19039	28.09	534805.51	
		分部小计					1216211.32	
	二	栽植土球苗木						
4	050102001061	云杉A	1. 乔木名称:云杉A 2. 乔木规格:树高5~6m、冠幅2.5~3m 3. 起挖、运输、栽植 4. 养护期:2年	株	29	4633.11	134360.19	116000
5	050102001104	云杉B	1、乔木名称:云杉B 2. 乔木规格:树高3~4m、冠幅1.5~2m 3. 起挖、运输、栽植 4. 养护期:2年	株	46	4178.4	192206.4	
6	050102001062	白皮松A	1. 乔木名称:白皮松A 2. 乔木规格:树高7~8m、冠幅4.5~5m 3. 起挖、运输、栽植 4. 养护期:2年	株	3	16824.54	50473.62	45000
7	050102001081	白皮松B	1. 乔木名称:白皮松B 2. 乔木规格:树高4~5m、冠幅3.5~4m 3. 起挖、运输、栽植; 4. 养护期:2年	株	3	7575.61	22726.83	20250
8	050102001107	日本五针松A	1. 乔木名称:日本五针松A 2、乔木规格:树高5~6m、冠幅3.5~4m 3. 造型苗 4. 起挖、运输、栽植 5. 养护期:2年	株	6	6335.59	38013.54	33000
9	050102001106	造型三角枫	1. 乔木名称:造型三角枫 2. 乔木规格:树高3.5~4m、冠幅2.5~3m 3. 起挖、运输、栽植 4. 养护期:2年	株	2	4755.32	9510.64	7000
	本页小计						1663502.54	221250

注:根据建设部、财政部发布的《建筑安装工程费用组成》(建标[2013]44号)的规定,为记取规费等的使用,可以在表中增设其中:"直接费""人工费"或"人工费+机械费"。

分部分项工程量清单与计价表

工程名称：××景观处绿化工程　　　　标段：　　　　　　　　　第 2 页 共 12 页

序号	项目编码	项目名称	项目特征描述	计量单位	工程量	综合单价	合价	其中：暂估价
10	050102001105	茶条槭 A	1. 乔木名称：茶条槭 A 2. 乔木规格：树高 4.5～5m，冠幅 3.5～4m 3. 丛生，6 枝条以上 4. 起挖、运输、栽植 5. 养护期：2 年	株	11	4098.11	45079.21	
11	050102001108	茶条槭 B	1、乔木名称：茶条槭 B 2. 乔木规格：树高 2.5～3m，冠幅 1.8～2m 3. 丛生，4 枝条以上 4. 起挖、运输、栽植 5. 养护期：2 年	株	19	2145.4	40762.6	
12	050102001109	五角枫 A	1. 乔木名称：五角枫 A 2. 乔木规格：树高 10～12m，冠幅 5～6m，胸径 φ30～35cm 3. 起挖、运输、栽植 4. 养护期：2 年	株	16	3876.77	62028.32	32000
13	050102001024	五角枫 B	1. 乔木名称：五角枫 B 2. 乔木规格：树高 7～8m，冠幅 4～5m，胸径 φ22～25cm 3. 起挖、运输、栽植 4. 养护期：2 年	株	16	4016.95	64271.2	
14	050102001054	鸡爪槭 A	1. 乔木名称：鸡爪槭 A 2. 乔木规格：树高 4.5～5m、冠幅 3.5～4m 3. 起挖、运输、栽植 4. 养护期：2 年	株	12	7843.11	94117.32	84000
15	050102001009	鸡爪槭 B	1. 乔木名称：鸡爪槭 B 2. 乔木规格：树高 3～3.5m，冠幅 2.5～3m 3. 起挖、运输、栽植 4. 养护期：2 年	株	18	7728.9	139120.2	126000
16	050102001071	红枫	1. 乔木名称：红枫 2. 乔木规格：树高 1.8～2m、冠幅 1.5～1.8m、地径 6～8cm 3. 起挖、运输、栽植 4. 养护期：2 年	株	8	2466.4	19731.2	
17	050102001072	合欢	1. 乔木名称：合欢 2. 乔木规格：树高 5.5～6m、冠幅 4～4.5m、地径 16～18cm 3. 起挖、运输、栽植 4. 养护期：2 年	株	27	8264.54	223142.58	189000
18	050102001110	白桦 A	1. 乔木名称：白桦 A 2. 乔木规格：树高 6～7m 3. 起挖、运输、栽植 4. 养护民期：2 年	株	8	3099.37	24794.96	
		本页小计					713047.59	431000

注：根据建设部、财政部发布的《建筑安装工程费用组成》（建标［2013］44 号）的规定，为记取规费等的使用，可以在表中增设其中："直接费""人工费"或"人工费＋机械费"。

分部分项工程量清单与计价表

工程名称：××景观处绿化工程　　　　标段：　　　　　　　　　　　第 3 页 共 12 页

序号	项目编码	项目名称	项目特征描述	计量单位	工程量	综合单价	合价	其中：暂估价
19	050102001111	白桦 B	1. 乔木名称：白桦 B 2. 乔木规格：树高 5～6m，冠幅 3.5～4m 3. 起挖、运输、栽植 4. 养护期：2 年	株	6	2804.59	16827.54	
20	050102001112	白桦 C	1、乔木名称：白桦 C 2. 乔木规格：树高 4～5m，冠幅 3～3.5m 3. 起挖、运输、栽植 4. 养护期：2 年	株	14	1958.11	27413.54	
21	050102001113	小叶朴	1. 乔木名称：小叶朴 2. 乔木规格：树高 7～8m，冠幅 4～4.5m，胸径 φ22～25cm 3. 起挖、运输、栽植 4. 养护期：2 年	株	22	8510.95	187240.9	154000
22	050102001114	山楂	1、乔木名称：山楂 2. 乔木规格：树高 3～4m，冠幅 3～3.5mm，地径 15～16cm 3. 起挖、运输、栽植 4. 养护期：2 年	株	43	2680.4	115257.2	
23	050102001115	白蜡 A	1、乔木名称：白蜡 A 2. 乔木规格：树高 8～9m，冠幅 4～4.5m，胸径 φ30～35cm 3. 起挖、运输、栽植 4. 养护期：2 年	株	18	9761.77	175711.86	135000
24	050102001116	白蜡 B	1、乔木名称：白蜡 B 2. 乔木规格：树高 6～7m，冠幅 3.5～4m，胸径 φ18～20cm 3. 起挖、运输、栽植 4. 养护期：2 年	株	65	5086.95	330651.75	247000
25	050102001117	银杏 A	1. 乔木名称：银杏 A 2. 乔木规格：树高 9～10m，冠幅 4～5m 3. 起挖、运输、栽植 4. 养护期：2 年	株	7	8510.95	59576.65	49000
26	050102001118	银杏 B	1. 乔木名称：银杏 B 2. 乔木规格：树高 7～8m，冠幅 3～4m 3. 起挖、运输、栽植 4. 养护期：2 年	株	15	6124.54	91868.1	75000
		本页小计					1004547.54	660000

注：根据建设部、财政部发布的《建筑安装工程费用组成》（建标[2013]44 号）的规定，为记取规费等的使用，可以在表中增设其中："直接费""人工费"或"人工费＋机械费"。

分部分项工程量清单与计价表

工程名称:××景观处绿化工程　　　　标段:　　　　　　　　　　　第 4 页 共 12 页

序号	项目编码	项目名称	项目特征描述	计量单位	工程量	金额(元)		
						综合单价	合价	其中:暂估价
27	050102001119	皂荚	1. 乔木名称:皂荚 2. 乔木规格:树高 7~8m、冠幅 4~5m、胸径 φ22~25cm 3. 起挖、运输、栽植 4. 养护期:2 年	株	26	4765.95	123914.7	91000
28	050102001120	栾树	1. 乔木名称:栾树 2. 乔木规格:树高 7~8m、冠幅 4~5m、胸径 φ22~25cm 3. 起挖、运输、栽植 4. 养护期:2 年	株	60	4016.95	241017	168000
29	050102001121	山荆子	1. 乔木名称:山荆子 2. 乔木规格:树高 5.5~6m、冠幅 3.5~4m、胸径 φ18~20cm 3. 起挖、运输、栽植 4. 养护期:2 年	株	62	6905.95	428168.9	341000
30	050102001122	西府海棠	1. 乔木名称:西府海棠 2. 乔木规格:树高 2.5~3m、冠幅 1.5~2m、地径 7~8cm 3. 起挖、运输、栽植 4. 养护期:2 年	株	26	1503.4	39088.4	
31	050102001123	八棱海棠 A	1. 乔木名称:八棱海棠 A 2. 乔木规格:树高 5.5~6m、冠幅 4~4.5m、地径 16~18cm 3. 起挖、运输、栽植 4. 养护期:2 年	株	10	8799.54	87995.4	75000
32	050102001124	八棱海棠 B	1. 乔木名称:八棱海棠 B 2. 乔木规格:树高 4.5~5m、冠幅 3.5~4m、地径 12~13cm 3. 起挖、运输、栽植 4. 养护期:2 年	株	47	4195.59	197192.73	164500
33	050102001125	红叶李	1. 乔木名称:红叶李 2. 乔木规格:树高 3.5~4m、冠幅 2.5~3m、地径 12~15cm 3. 起挖、运输、栽植 4. 养护期:2 年	株	22	2590.59	56992.98	44000
34	050102001126	碧桃	1. 乔木名称:碧桃 2. 乔木规格:树高 3	株	60	1423.11	85386.6	
	本页小计						1259756.71	883500

注:根据建设部、财政部发布的《建筑安装工程费用组成》(建标〔2013〕44 号)的规定,为记取规费等的使用,可以在表中增设其中:"直接费""人工费"或"人工费+机械费"。

分部分项工程量清单与计价表

工程名称:××景观处绿化工程　　　标段:　　　　　　　　　　　第5页 共12页

序号	项目编码	项目名称	项目特征描述	计量单位	工程量	金额(元)		
						综合单价	合价	其中:暂估价
35	050102001127	樱花	1、乔木名称:樱花 2. 乔木规格:树高4.5～5m,冠幅3～3.5m,地径18～20cm 3. 起挖、运输、栽植 4. 养护期:2年	株	80	7440.95	595276	480000
36	050102001128	蒙古栎A	1. 乔木名称:蒙古栎A 2. 乔木规格:树高9～10m,冠幅4.5～5m,胸径ϕ22～25cm 3. 起挖、运输、栽植 4. 养护期:2年	株	5	5514.95	27574.75	21000
37	050102001129	蒙古栎B	1. 乔木名称:蒙古栎B 2. 乔木规格:树高6～7m,冠幅3.5～4m,胸径ϕ18～20cm 3. 起挖、运输、栽植 4. 养护期:2年	株	16	5193.95	83103.2	62400
38	050102001130	丛生蒙古栎	1. 乔木名称:丛生蒙古栎 2. 乔木规格:树高6～7m,冠幅3.5～4m 3. 起挖、运输、栽植 4. 养护期:2年	株	20	8128.37	162567.4	140000
39	050102001131	品种杏	1. 乔木名称:品种杏 2. 乔木规格:树高6～7m,冠幅3.5～4m 3. 起挖、运输、栽植 4. 养护期:2年	株	18	4383.37	78900.66	
40	050102001132	紫丁香	1. 乔木名称:品种杏 2. 乔木规格:树高2～2.5m,冠幅1.8～2m 3. 起挖、运输、栽植 4. 养护期:2年	株	12	382.87	4594.44	
41	050102001133	糠椵	1. 乔木名称:糠椵 2. 乔木规格:树高7～8m,冠幅4～5m,胸径ϕ20～22cm 3. 起挖、运输、栽植 4. 养护期:2年。	株	48	7440.95	357165.6	288000
42	050102001134	光叶榉	1. 乔木名称:光叶榉 2. 乔木规格:树高6～7m,冠幅3.5～4～5m,胸径ϕ18～20cm 3. 起挖、运输、栽植 4. 养护期:2年	株	39	4765.95	185872.05	136500
	本页小计						1495054.1	1127900

注:根据建设部、财政部发布的《建筑安装工程费用组成》(建标[2013]44号)的规定,为记取规费等的使用,可以在表中增设其中:"直接费""人工费"或"人工费+机械费"。

分部分项工程量清单与计价表

工程名称:××景观处绿化工程　　　　标段:　　　　　　　　　

序号	项目编码	项目名称	项目特征描述	计量单位	工程量	综合单价	合价	其中:暂估价
							金额(元)	
		分部小计					4919697.16	3323650
三		栽植露根灌木						
43	050102004090	大叶黄杨	1.灌木名称:大叶黄杨 2.灌木规格:高度0.5～0.6m,冠幅0.4～0.5m 3.种植密度9株/m²,修剪至0.6m 4.起挖、运输、栽植 5.养护期:2年	株	2673	12.9	34481.7	
44	050102004091	瓜子黄杨	1.灌木名称:大叶黄杨 2.灌木规格:高度0.4～0.5m,冠幅0.3～0.4m 3.种植密度16株/m²,修剪至0.4m 4.起挖、运输、栽植 5.养护期:2年	株	1184	9.66	11437.44	
45	050102004093	铺地柏	1.灌木名称:铺地柏 2.灌木规格:高度0.2～0.3m,冠幅0.2～0.3m 3.种植密度25株/m²,修剪至0.2m 4.起挖、运输、栽植 5.养护期:2年	株	4500	9.22	41490	
46	050102004094	六道木	1、灌木名称:六道木 2.灌木规格:高度1.7～1.8m,冠幅1.1～1.2m 3.种植密度1株/m² 4.起挖、运输、栽植 5.养护期:2年	株	236	194.5	45902	
47	050102004095	紫叶小檗	1.灌木名称:紫叶小檗 2.灌木规格:高度0.4～0.5m,冠幅0.3～0.35m 3.种植密度16株/m² 4.起挖、运输、栽植 5.养护期:2年	株	5792	7.48	43324.16	
48	050102004096	红花锦鸡儿	1.灌木名称:红花锦鸡儿 2.灌木规格:高度1.4～1.5m,冠幅1.1～1.2m 3.种植密度1株/m² 4.起挖、运输、栽植 5.养护期:2年	株	362	207.7	75187.4	
		本页小计					251822.7	

注:根据建设部、财政部发布的《建筑安装工程费用组成》(建标[2013]44号)的规定,为记取规费等的使用,可以在表中增设其中:"直接费""人工费"或"人工费+机械费"。

分部分项工程量清单与计价表

工程名称:××景观处绿化工程　　　　标段:　　　　　　　　第 7 页 共 12 页

序号	项目编码	项目名称	项目特征描述	计量单位	工程量	综合单价	合价	其中:暂估价
49	050102004097	红瑞木	1. 灌木名称:红瑞木 2. 灌木规格:高度 0.7～0.8m,冠幅 0.5～0.6m 3. 种植密度 4 株/m² 4. 起挖、运输、栽植 5. 养护期:2 年	株	1772	90.4	160188.8	
50	050102004098	金枝梾木	1. 灌木名称:金枝梾木 2. 灌木规格:高度 0.7～0.8m,冠幅 0.5～0.6m 3. 种植密度 4 株/m² 4. 起挖、运输、栽植 5. 养护期:2 年	株	1436	67.47	96886.92	
51	050102004100	扶芳藤	1. 灌木名称:扶芳藤 2. 灌木规格:蔓长大于 0.5m 3. 种植密度 16 株/m² 4. 起挖、运输、栽植 5. 养护期:2 年	株	3968	10.75	42656	
52	050102004101	棣棠	1. 灌木名称:棣棠 2. 灌木规格:高度 0.5～0.6m,冠幅 0.3～0.4m 3. 种植密度 16 株/m² 4. 起挖、运输、栽植 5. 养护期:2 年	株	6896	15.12	104267.52	
53	050102004102	水蜡	1、灌木名称:水蜡 2. 灌木规格:高度 0.4～0.5m,冠幅 0.3～0.4m 3. 种植密度 16 株/m² 4. 起挖、运输、栽植 5. 养护期:2 年	株	5376	20.58	110638.08	
54	050102004103	南天竹	1. 灌木名称:南天竹 2. 灌木规格:高度 0.5～0.6m,冠幅 0.4～0.5m 3. 种植密度 9 株/m² 4. 起挖、运输、栽植 5. 养护期:2 年	株	5346	56.56	302369.76	
55	050102004104	牡丹	1. 灌木名称:牡丹 2. 灌木规格:高度 0.5～0.6m,冠幅 0.4～0.5m 3. 种植密度:9 株/m² 4. 起挖、运输、栽植 5. 养护期:2 年	株	657	51.1	33572.7	
	本页小计						850579.78	

注:根据建设部、财政部发布的《建筑安装工程费用组成》(建标[2013]44 号)的规定,为记取规费等的使用,可以在表中增设其中:"直接费""人工费"或"人工费+机械费"。

分部分项工程量清单与计价表

工程名称:××景观处绿化工程　　　　　标段:　　　　　　　　　　第8页 共12页

序号	项目编码	项目名称	项目特征描述	计量单位	工程量	金额(元)		
						综合单价	合价	其中:暂估价
56	050102004105	芍药	1. 灌木名称:芍药 2. 灌木规格:高度 0.5～0.6m,冠幅 0.4～0.5m 3. 种植密度 9 株/m² 4. 起挖、运输、栽植 5. 养护期:2 年	株	1116	45.65	50945.4	
57	050102004106	紫叶风箱果	1. 灌木名称:紫叶风箱果 2. 灌木规格:高度 0.5～0.6m,冠幅 0.3～0.4m 3. 种植密度 16 株/m² 4. 起挖、运输、栽植 5. 养护期:2 年	株	6048	42.4	256435.2	
58	050102004107	石岩杜鹃	1. 灌木名称:石岩杜鹃 2. 灌木规格:高度 0.7～0.8m,冠幅 0.5～0.6m 3. 种植密度 4 株/m² 4. 起挖、运输、栽植 5. 养护期:2 年	株	480	99.09	47563.2	
59	050102004108	迎红杜鹃	1. 灌木名称:迎红杜鹃 2. 灌木规格:高度 0.4～0.5m,冠幅 0.3～0.4m 3. 种植密度 9 株/m² 4. 起挖、运输、栽植 5. 养护期:2 年	株	9	18.36	165.24	
60	050102004109	上庄绣线菊	1. 灌木名称:上庄绣线菊 2. 灌木规格:高度 0.5～0.6m,冠幅 0.3～0.4m 3. 种植密度 9 株/m² 4. 起挖、运输、栽植 5. 养护期:2 年	株	1971	29.28	57710.88	
61	050102004110	三裂绣线菊	1. 灌木名称:三裂绣线菊 2. 灌木规格:高度 0.4～0.5m,冠幅 0.3～0.4m 3. 种植密度 9 株/m² 4. 起挖、运输、栽植 5. 养护期:2 年	株	1971	29.28	57710.88	
		本页小计					470530.8	

注:根据建设部、财政部发布的《建筑安装工程费用组成》(建标〔2013〕44 号)的规定,为记取规费等的使用,可以在表中增设其中:"直接费""人工费"或"人工费＋机械费"。

分部分项工程量清单与计价表

工程名称:××景观处绿化工程　　　　标段:　　　　　　　　　　第 9 页 共 12 页

序号	项目编码	项目名称	项目特征描述	计量单位	工程量	金额(元)		
						综合单价	合价	其中:暂估价
62	050102004111	珍珠绣线菊	1. 灌木名称:珍珠绣线菊 2. 灌木规格:高度 0.5～0.6m、冠幅 0.3～0.4m 3. 种植密度 9 株/m² 4. 起挖、运输、栽植 5. 养护期:2 年	株	693	26	18018	
63	050102004112	雪丘绣线菊	1. 灌木名称:雪丘绣线菊 2. 灌木规格:高度 0.6～0.7m、冠幅 0.4～0.5m 3. 种植密度 4 株/m² 4. 起挖、运输、栽植 5. 养护期:2 年	株	560	38.62	21627.2	
64	050102004113	锦带花	1. 灌木名称:锦带花 2. 灌木规格:高度 1.1～1.2m、冠幅 0.～0.9m 3. 种植密度 1 株/m² 4. 起挖、运输、栽植 5. 养护期:2 年	株	416	99.09	41221.44	
		分部小计					1653799.92	
四		栽植花卉、禾草						
65	050102008011	蓍草	1. 花卉名称:蓍草 2. 规格:高度 0.3～0.4m,冠幅 0.2～0.3m 3. 种植密度:25 珠/m² 4. 运输、栽植 5. 养护期:2 年	m²	109	117.74	12833.66	
66	050102008110	金鸡菊	1. 花卉名称:金鸡菊 2. 规格:高度 0.3～0.4m,冠幅 0.2～0.3m 3. 种植密度:25 珠/m² 4. 运输、栽植 5. 养护期:2 年	m²	260	84.36	21933.6	
67	050102008160	石竹	1. 花卉名称:石竹 2. 规格:高度 0.3～0.4m,冠幅 0.2～0.3m 3. 种植密度:25 珠/m² 4. 运输、栽植 5. 养护期:2 年	m²	290	84.36	24464.4	
		本页小计					140098.3	

注:根据建设部、财政部发布的《建筑安装工程费用组成》(建标〔2013〕44 号)的规定,为记取规费等的使用,可以在表中增设其中:"直接费""人工费"或"人工费+机械费"。

分部分项工程量清单与计价表

工程名称：××景观处绿化工程　　　　标段：　　　　　　　　第 10 页 共 12 页

序号	项目编码	项目名称	项目特征描述	计量单位	工程量	综合单价	合价	其中：暂估价
68	050102008159	松果菊	1. 花卉名称：松果菊 2. 规格：高度 0.3～0.4m、冠幅 0.2～0.3m 3. 种植密度：25 珠/m² 4. 运输、栽植 5. 养护期：2 年	m²	185	89.92	16635.2	
69	050102008161	滨菊	1. 花卉名称：滨菊 2. 规格：高度 0.3～0.4m、冠幅 0.2～0.3m 3. 种植密度：25 珠/m² 4. 运输、栽植 5. 养护期：2 年	m²	193	81.58	15744.94	
70	050102008162	荚果蕨	1. 花卉名称：荚果菊 2. 规格：高度 0.3～0.4m、冠幅 0.2～0.3m 3. 种植密度：25 珠/m² 4. 运输、栽植 5. 养护期：2 年	m²	8600	215.11	1849946	
71	050102008163	葡萄风信子	1. 花卉名称：葡萄风信子 2. 规格：高度 0.5～0.6m 3. 种植密度：满植/m² 4. 运输、栽植 5. 养护期：2 年	m²	41	215.11	8819.51	
72	050102008164	喇叭水仙	1. 花卉名称：喇叭水仙 2. 规格：高度 0.3～0.4m 3. 种植密度：满植/m² 4. 运输、栽植 5. 养护期：2 年	m²	14	215.11	3011.54	
73	050102008165	沿阶草	1. 花卉名称：沿阶草 2. 规格：高度 0.14m 3. 种植密度：满植/m² 4. 运输、栽植 5. 养护期：2 年	m²	4	117.75	471	
74	050102008166	宿根福禄考	1. 花卉名称：宿根福禄考 2. 规格：高度 0.3～0.4m、冠幅 0.2～0.3m 3. 种植密度：25 珠/m² 4. 运输、栽植 5. 养护期：2 年	m²	431	89.92	38755.52	
75	050102008167	蓝花鼠尾草	1. 花卉名称：蓝花鼠尾草 2. 规格：高度 0.5～0.6m 3. 种植密度：25 株/m² 4. 运输、栽植 5. 养护期：2 年	m²	547	89.92	49186.24	
	本页小计						1982569.95	

注：根据建设部、财政部发布的《建筑安装工程费用组成》（建标[2013]44 号）的规定，为记取规费等的使用，可以在表中增设其中："直接费""人工费"或"人工费＋机械费"。

分部分项工程量清单与计价表

工程名称：××景观处绿化工程   标段：   第 11 页 共 12 页

序号	项目编码	项目名称	项目特征描述	计量单位	工程量	综合单价	合价	其中：暂估价
76	050102008168	反曲景天	1. 花卉名称:反曲景天 2. 规格:高度 0.2～0.3m、冠幅 0.2～0.3m 3. 种植密度:25 珠/m² 4. 运输、栽植 5. 养护期:2 年	m²	94	117.74	11067.56	
77	050102008169	八宝景天	1. 花卉名称:八宝景天 2. 规格:高度 0.3～0.4m、冠幅 0.2～0.3m 3. 种植密度:25 珠/m² 4. 运输、栽植 5. 养护期:2 年	m²	94	103.83	9760.02	
78	050102008170	拂子茅	1. 花卉名称:拂子茅 2. 规格:高度 1～1.24m、冠幅 0.5～0.6m 3. 种植密度:1 珠/m² 4. 运输、栽植 5. 养护期:2 年	m²	73	99.09	7233.57	
79	050102008171	宽叶苔草	1. 花卉名称:宽叶苔草 2. 规格:高度 0.5～0.6m、冠幅 0.4～0.5m 3. 种植密度:4 珠/m² 4. 运输、栽植 5. 养护期:2 年	m²	89	59.32	5279.48	
80	050102008172	蓝羊茅	1. 花卉名称:蓝羊茅 2. 规格:高度 0.3～0.4m、冠幅 0.3～0.4m 3. 种植密度:9 珠/m² 4. 运输、栽植 5. 养护期:2 年	m²	239	73.23	17501.97	
81	050102008173	细叶芒	1. 花卉名称:细叶芒 2. 规格:高度 1.5～1.8m、冠幅 0.5～0.6m 3. 种植密度:1 珠/m² 4. 运输、栽植 5. 养护期:2 年	m²	256	102.27	26181.12	
82	050102008174	混播组合	1. 花卉名称:70%麦冬,30%忽地笑 2. 运输、栽植 3. 麦冬:10～15 支/丛,种植密度:9 珠/m² 4. 养护期:2 年	m²	9563	6821.4	65233048.2	
		本页小计					65310071.92	

注:根据建设部、财政部发布的《建筑安装工程费用组成》(建标[2013]44 号)的规定,为记取规费等的使用,可以在表中增设其中:"直接费""人工费"或"人工费＋机械费"。

分部分项工程量清单与计价表

工程名称：××景观处绿化工程　　　　　标段：　　　　　　　　　　　　　第 12 页 共 12 页

序号	项目编码	项目名称	项目特征描述	计量单位	工程量	金额（元）		
						综合单价	合价	其中：暂估价
		分部小计					67351873.53	
		本页小计					65310071.92	
		合　计					75141581.93	3323650

注：根据建设部、财政部发布的《建筑安装工程费用组成》（建标〔2013〕44 号）的规定，为记取规费等的使用，可以在表中增设其中："直接费""人工费"或"人工费＋机械费"。

措施项目清单与计价表(一)

工程名称:××景观处绿化工程　　　标段:　　　　　　　第1页 共2页

序号	项目名称	基数说明	费率(%)	金额(元)
1	安全文明施工费			
2	夜间施工费			
3	二次搬运费			
4	冬雨季施工			
5	大型机械设备进出场及安拆费			
6	施工排水			
7	施工降水			
8	地上、地下设施、建筑物的临时保护设施			
9	已完工程及设备保护			

注:1. 本表适用于以"项"计价的措施项目。

2. 根据建设部、财政部发布的《建筑安装工程费用组成》(建标[2013]44号)的规定,"计算基础"可为"直接费""人工费"或"人工费+机械费"。

措施项目清单与计价表(二)

工程名称:××景观处绿化工程　　　　标段:　　　　　　　　　　　　第2页 共2页

序号	项目编码	项目名称	项目特征描述	计量单位	工程量	金额(元)	
						综合单价目	合 价

注:本表适用于以综合单价形式计价的措施项目。

规费、税金项目清单与计价表

工程名称:××景观处绿化工程　　　　标段:　　　　第1页 共1页

序号	项目名称	计算基础	费率(%)	金额(元)
1	规费	分部分项人工费＋技术措施项目人工费	20.19	213877.56
2	税金	分部分项工程费＋措施项目费＋其他项目费＋规费－暂列金额	3.41	2569621.17
	合　计			2783498.73

注:根据建设部、财政部发布的《建筑安装工程费用组成》(建标[2013]44号)的规定,"计算基础"可为"直接费""人工费"或"人工费＋机械费"。

第五章　园林园路、园桥工程工程量
计算及其计价

第一节　园路、园桥工程计量计价相关资料

一、园路、园桥

1. 园路

(1)园路路基

根据周围地形变化和挖填方情况,园路有三种路基形式。

①填土路基。指在比较低洼的场地上,填筑土方或石方做成的路基。这种路基一般都高于两旁场地的地坪,因此,也常常被称为路堤。

②挖土路基。即沿着路线挖方后,其基面标高低于两侧地坪,如同沟堑一样的路基,因而这种路基又被叫作路堑。当道路纵坡过大时,采用路堑式路基可以减小纵坡。

③半挖半填土路基。在山坡地形条件下,多见采用挖高处填低处的方式筑成半挖半填土路基。这种路基上,道路两侧是一侧屏蔽另一侧开敞。

(2)垫层铺筑

①砂垫层铺筑。用平板振捣器捣实时,每层虚铺厚度为 200~500mm,最佳含水量为 15%~20%,要使振捣器往复振捣。

用振捣棒捣实时,每层虚铺厚度为振捣棒的插入深度,最佳含水量为饱和,振捣时不应插至基土上。振捣完毕后,所留孔洞要用砂填塞。

用木夯或机械夯实时,每层虚铺厚度为 150~200mm,最佳含水量为 8%~12%,一夯压半夯全面压实。

用压路机碾压时,每层虚铺厚度为 250~300mm,最佳含水量为 8%~12%,要往复碾压。

②灰土垫层铺筑。灰土拌和料应分层铺平夯实,每层虚铺厚度一般为 150~250mm,夯实到 100~150mm。

人工夯实可采用石夯或木夯,夯重 40~80kg,路高 400~500mm,一夯压半夯。

上下两层灰土的接缝距离不得小于 500mm,在施工间歇后和继续铺设前,接缝处应清扫干净,并应重叠夯实。

夯实后的表面应平整,经适当晾干后,方可进行下道工序的施工。

③天然级配砂石垫层铺筑。用表面振动器捣实时,每层虚铺厚度为 200~250mm,最佳含水量为 15%~20%,要使振动器往复振捣。

用内部振捣器捣实时,每层的虚铺厚度为振捣器的插入深度,最佳含水量为饱和,插入间距应按振动器的振幅大小决定,振捣时不应插至基土上。振捣完毕后,所留孔洞要用砂塞填。

用木夯或机械夯实时,每层虚铺厚度为150~200mm,最佳含水量为8%~12%,要一夯压半夯全面压实。

用压路机碾压时,每层的虚铺厚度为250~350mm,最佳含水量为8%~12%,要往复碾压。

④素混凝土垫层铺筑。浇筑混凝土前,应消除淤泥和杂物,如基土为干燥的非黏性土,应用水湿润。

捣实混凝土宜采用表面振动器,表面振动器的移动间距,应能保证振动器的平板覆盖已振实部分的边缘,每一振处应使混凝土表面呈现浮浆和不再沉落。

垫层边长超过3m的应分仓进行浇筑,其宽度一般为3~4m,分格缝应结合变形缝的位置,按不同材料的地面连接处和设备基础的位置等划分。

混凝土浇筑完毕后,应以12h以内用草帘加覆盖和浇水,浇水次数应保持混凝土具有足够的润湿状态,浇水养护日期不少于7天。

混凝土强度达到1.2MPa后,才能在其上做面层。

2. 路牙铺设

①基层清理。清除基层上存在的一些有机杂质和粒径较大的物件,以便进行下一道工序。

②路牙铺设。路牙的基础应与路床同时挖填碾压,以保证密度均匀。弯道处最好事先预制成弧形。路牙的结合层常用M5.0水泥砂浆2cm厚,应安装平衡牢固。路牙间隙为1cm,用M10水泥砂浆勾缝。路牙背后路肩用夯实白灰土10cm厚、15cm宽保护。

3. 嵌草砖铺装

(1)原土夯实

按设计规定的铺土厚度回填沟槽,使用压实机具夯实,使之具有一定的密实性、均匀性。

(2)铺砖

①平铺。砖的平铺形式一般采用"直行""对角线"或"人字形"铺法。在通道宜铺成纵向的人字纹,同时在边缘的行砖应加工成45°角。

②倒铺。砖的倒铺形式是采用砖的侧面进行铺砌。

铺砌砖时应挂线,相邻两行的错缝应为砖长的1/3~1/2。

(3)填土

①人工填土一般用手推车运土,人工用锹、耙、锄等工具进行填筑,由最低部分开始由一端向另一端自下而上分层铺填。

②机械填土可用推土机、铲运机或自卸汽车进行。用自卸汽车填土,需用推土机推开推平。

4. 石桥基础

(1)垫层铺筑

在夯实后的土基上,可用60~80mm厚碎石作垫层。

(2)基础砌筑、浇筑

①料石砌筑。料石砌体应上、下错缝,内外搭砌。料石基础砌体第一皮应用丁砌,坐浆砌筑,踏步形基础,上级料石应压下级料石至少1/3。

料石砌体水平灰缝厚度,应按料石种类确定,细料石砌体不宜大于5mm,半细料石砌体不宜大于 10mm,粗料石砌体不宜大于 20mm。

②基础浇筑。为保证混凝土能振捣密实,应采用分层浇筑法。

浇筑层的厚度与混凝土的稠度及振捣方式有关,在一般稠度下,用插入式振捣器振捣时,浇筑层厚度为振捣器作用部分长度的 1.25 倍。

用平板式振捣器时,浇筑厚度不超过 20cm。

薄腹 T 梁或箱形的梁肋,当用侧向附着式振捣器振捣时,浇筑层厚度一般为 30~40cm。

采用人工捣固时,视钢筋密疏程度,浇筑厚度通常为 15~25cm。

5. 石桥墩、石桥台

石料平面或曲弧面加工类别分为 7 个等级,即打荒、一步做糙、二步做糙、一遍垛斧、二遍垛斧、三遍垛斧、扁光。

①打荒。指将采石场中所开采出来的石料,根据使用要求经过选择后,用铁锤和铁凿将棱角高低不平处打剥到基本均匀一致的程度。

②一步做糙。指将荒料,按照所需要尺寸加预留尺寸的规格进行划线,然后,用锤和凿将线外部分打剥去,使荒料形成所需规格的初步轮廓。

③二步做糙。指在一步做糙的基础上,用锤、凿将轮廓表面进行细加工,使石料表面的凿痕变浅,凸凹深浅均匀一致。

④一遍剁斧。指消除凸凹凿痕,使石料表面平整的加工。要求剁斧的剁痕间隙小于 3mm。

⑤二遍剁斧。指在一遍剁斧的基础上再加以细剁,使剁痕间隙小于 1mm,让表面进一步平整。

⑥三遍剁斧。三遍剁斧是一种精剁,剁痕间隙小于 0.5mm,使石料表面达到完全平整。

⑦扁光。即将三遍剁斧之石用磨头等加水磨光,使其表面平整。

6. 金刚墙砌筑

填土夯实的方法有碾压、夯实和振动压实等几种。

①碾压适用于大面积填土工程。碾压机械有平碾(压路机)、羊足碾和气胎碾。羊足碾需要有较大的牵引力而且只能用于压实黏性土。气胎碾在工作时是弹性体,给土的压力较均匀,填土质量较好。但应用最普遍的是刚性平碾。

②夯实主要用于小面积填土,可以夯实黏性土或非黏性土。夯实机械有夯锤、内燃夯土机和蛙式打夯机等。夯锤借助起重机提起并落下,其重量大于 1.5t,落距 2.5~4.5m,夯土影响深度可超过 1m。内燃夯土机作用深度为 0.4~0.7m,它和蛙式打夯机都是应用较广的夯实机械。

7. 仰天石、地伏石

①石材加工。在地伏石石面上凿有嵌立栏杆柱方槽和嵌立栏板的凹槽,并每隔几块地伏石石材加工。

②地伏石铺设。地伏平放设置,直接安装在平台的沿边,其顶面按栏板厚度和望柱截面宽度开凿有浅槽,用以固定栏板和望柱。

8. 栏杆、扶手

银锭扣是生铁铸成,主要用以加固山石间的水平联系。先将石头水平向接缝作为中心线,再按银锭扣大小划线并凿槽,使槽形如银锭扣的形状。然后,将铁扣打入槽中,就可将两块山石紧紧连接在一起。

9. 木制步桥

(1)打木桩基础

①打桩宜重锤低击,锤重的选择应根据工程地质条件、桩的类型、结构、密集程度及施工条件来选用。

②打桩顺序根据基础的设计标高,先深后浅,依桩的规格宜先大后小,先长后短。由于桩的密集程度不同,可自中间向两个方向对称进行或向四周进行,也可由一侧向单一方向进行。

(2)刷防护材料

①基层处理。基层处理包括清扫、起钉子、除油污、刮灰土。铲去脂囊,将脂迹刮净,流松香的节疤挖掉,较大的脂囊应用木纹相同的材料和胶镶嵌。

磨砂纸,先磨线角后磨四口平面,顺木纹打磨,有小块翘皮用小刀撕掉,有重皮的地方用小钉子钉牢固。

点漆片,在木节疤和油迹处,用酒精漆片点刷。

②刷底子油。

a. 刷清油一遍。

b. 抹腻子。腻了的重量配合比为石膏粉∶熟桐油∶水=20∶7∶50。待操作的清油干透后,用石膏油腻子刮抹平整,腻子要横抹竖起,将腻子刮入钉孔或裂纹内。

c. 磨砂纸。腻子干透后,用1号砂纸打磨,磨法与底层磨砂纸相同。磨完后应打扫干净,并用潮布将磨下粉末擦净。

③刷第二遍油漆。

a. 刷铅油。将色铅油、光油、清油、汽油、煤油等混合在一起搅拌过箩。调配各种所需颜色的铅油涂料,其稠度以达到盖底、不流淌、不显刷痕为准。

b. 抹腻子。

c. 磨砂纸。

④刷第二遍油漆。

⑤刷最后一遍油漆。

二、驳岸

1.砌石

砌筑岸墙,M5水泥砂浆砌块石,砌缝宽1~2cm,每隔10~25m设置伸缩缝,缝宽3cm,用板条、沥青、石棉绳、橡胶、止水带或塑料等材料填充。缝隙用水泥砂浆勾满;砌筑压顶,压顶宜用大块石或预制混凝土板砌筑。砌时顶石要向水中挑出5~6cm,顶面一般高出最高水位50cm,必要时亦可贴近水面。

2.铺卵石、点布大卵石

首先把坡岸平整好,并在最下部挖一条梯形沟槽,槽沟宽度约40~50cm,深约50~60cm。铺石以前先将垫层铺好,垫层的卵石或碎石要求大小一致,厚度均匀,铺石时由下至上铺设。下部要选用大块的石料,以增加护坡的稳定性。铺时石块摆成丁字形,与岸坡平行,一行一行往上铺,石块与石块之间要紧密相贴,如有突出的棱角,应用铁锤将其敲掉。铺后检查一下质量,即当人在铺石上行走时铺石是否移动,如果不移动,则施工质量符合要求。下一步就是用碎石嵌补铺石缝隙,再将铺石夯实即成。

第二节 园路、园桥工程项目特征介绍

一、园路、园桥

1. 特征介绍

(1)现浇混凝土园路

①块料路面材质、规格、型号、垫层、结合层应描述厚度和材料的种类,如 3∶7 灰土,厚度 200mm。

②整体路面及垫层材料种类和厚度,如现浇混凝土路面,厚度 120mm。

③混凝土及砂浆强度等级,如 C20。

(2)预制混凝土园路

①如级配砂石,厚度 200mm。

②如预制混凝土面板 600mm×600mm,厚 60mm。

③如 1∶3 水泥砂浆,厚度 30mm。

(3)石板园路

①如级配砂石,厚度 200mm,C15 混凝土,厚度 150mm。

②如石板面层 600mm×600mm。

③如 1∶2 水泥砂浆,厚度 30mm。

(4)卵石铺园路

①如天然级配砂石,厚度 200mm。

②如卵石满铺,石径 50mm 以内。

③如 C15 混凝土,厚度 150mm。

(5)砖平铺园路

①如天然级配砂石,厚度 200mm。

②如砖平铺地面,拐子锦。

③如 1∶3 水泥砂浆,厚度 30mm。

(6)路牙铺设

垫层结合层厚度和材料的种类,如 1∶3 水泥砂浆,厚度 30mm。路牙材料种类、规格。

(7)树池围框

围牙材质、规格、型号,如混凝土围框 10cm×15cm×15cm。

(8)嵌草砖铺装

①垫层、结合层厚度和材料的种类,如天然级配砂石,厚 200mm,砂垫层厚 50mm。

②嵌草砖规格、颜色,如瓦灰色 300mm×300mm。

③漏空部分填土要求,如填种植土。

(9)石桥毛石基础及石桥毛条石基础

①垫层厚度和材料的种类。

②混凝土及砂浆强度等级,如 M10 水泥砂浆。

③石料种类、规格,如毛石 200～400mm。

(10)石桥石及石桥墩

①石料的种类、规格,如青条石 1000mm×250mm×300mm。

②砂浆强度等级,如 M10 水泥砂浆。

③勾缝要求,如原浆勾平缝。

(11)拱旋石及石旋脸的制作、安装

石料种类、规格,如青石 800mm×300mm×400mm;砂浆种类、配合比,如 1:2 水泥浆;旋脸雕刻要求;勾缝要求。

(12)金刚墙

石料种类、规格,如毛石 100～300mm;砂浆强度等级,如 M7.5 水泥砂浆。

(13)石桥面铺筑及石桥面檐板

①石料种类、规格,如青石 1000mm×800mm×100mm。

②砂浆强度等级或配合比,如 1:3 水泥砂浆。

③找平层材料种类和厚度,如 1:2 水泥砂浆,厚度 20mm。

④勾缝要求,如原浆勾平缝。

(14)仰天石、地伏石

①石料种类、规格,如青石。

②砂浆种类、配合比,如 1:3 水泥砂浆。

③勾缝要求,如原浆勾平缝。

(15)石望柱

①石料种类、规格,如青石 1000mm×300mm×300mm。

②柱高度和截面,如柱高 900mm 以内。

③柱身雕刻要求,如边角起线。

④柱头雕饰要求,如素方头。

⑤砂浆种类和配合比,如 1:3 水泥砂浆。

⑥勾缝要求,如原浆勾平缝。

(16)现浇钢筋混凝土栏杆

①栏杆种类、规格,如现浇钢筋混凝土栏杆。

②混凝土强度等级,如 C20。

③栏杆高度,如栏杆高度 900mm。

(17)罗汉栏板及寻杖栏板

①石料种类、规格,如青石 1000mm×900mm×200mm。

②砂浆种类及配合比,如素水泥砂浆。

③栏板高度和雕饰要求,如栏板高度 900mm,有雕饰。

④勾缝要求。

(18)撑鼓

①石料种类、规格,如红砂石 600mm×600mm×300mm。

②砂浆种类及配合比,如素水泥砂浆。

③撑鼓高度和雕饰要求,如高度 500m,有雕饰。

(19)木制步桥

①桥长度、宽度,如桥宽度1000mm,桥长度8000mm。

②木材种类,如一类,一等原木。

③各部件截面长度,如按施工图的要求。

④防护材料种类,如刷调和漆三遍。

2. 基本要求

(1)园路

①垫层。垫层是承重和传递荷载的构造层,根据需要选用不同的垫层材料。垫层分刚性和柔性两类。刚性垫层一般是由C7.5～C10的混凝土捣成,它适用于薄而大的整体面层和块状面层;柔性垫层一般是用各种松散材料,如砂、炉渣、碎石、灰土等加以压实而成,它适用于较厚的块状面层。

在路基排水不畅、易受潮受冻的情况下,就需要在路基之上设一垫层,以便于排水,防止冻胀,稳定路面。在选用粒径较大的材料做路面基层时,也应在基层与路基之间设垫层,做垫层的材料要求水稳定性好,一般可采用煤渣土、石灰土、砂砾等,铺设厚度为8～15cm。如用消石灰和黏土的拌合料铺设而成的灰土垫层,其厚度一般不小于100mm;用砂铺设而成的砂垫层厚度不小于60mm;用天然砂石铺设而成的天然级配砂石垫层厚度不小于100mm;用不低于C10的混凝土铺设而成的素混凝土垫层厚度不小于60mm。

常用垫层材料有两类:一类是用松散材料,如砂、砾石、炉渣、片石或卵石等组成的透水性垫层;另一类是由整体性材料,如石灰土或炉渣石灰土组成的稳定性垫层。

②路面。常见的路面材料有以下几种:

a. 水泥方格砖路面。用水泥砂浆做成方格砖铺设而成的路面。

豆石麻石混凝土路面:采用水泥豆石浆或水泥麻石浆抹面的地面。水泥豆石浆是采用水泥:豆石=1:1.25配合而成的。

b. 方整石板路面。石板一般被加工成497mm×497mm×50mm、697mm×497mm×60mm、997mm×697mm×70mm等规格,其下直接铺30～50mm的砂土做找平的垫层,可不做基层。

c. 碎石板路面。一般采用大理石、花岗岩的碎片,用这样形状不规则的石片在地面上铺贴出的纹理,多数是水裂缝,使路面显得比较别致。

d. 碎大理石板路面。指用砂浆或其他胶粘剂将大理石与基层牢结形成路面。结合层一般为砂、水泥砂浆或沥青玛碲脂。砂结合层厚度为20～30mm;水泥砂浆结合层厚度为10～15mm;沥青玛碲脂的结合层厚度为2～5mm。

③路宽。园林中,单人散步的宽度可取0.6m,两个并排散步的园路宽度取1.2m,三人并排行走的园路宽度可为1.8m或2.0m。

图5-1所示为并排行走时不同人数和不同行走方式下园路宽度的情况和设置不同车道数的主园路宽度的情况。表5-1为公园道路及风景区道路宽度可取的范围值。

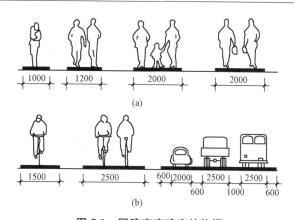

图 5-1　园路宽度确定的依据

(a)人行道宽度确定　(b)主园路宽度确定

表 5-1　风景园林道路级别与宽度参考值　　　　　　　　　　　　　(m)

公园道路级别	公园陆地面积/hm²			
	<2	2~10	10~50	>50
主园路	2.0~3.5	2.5~4.5	3.5~5.0	5.0~7.0
次园路	1.2~2.0	2.0~3.5	2.0~3.5	3.5~5.0
小　路	0.9~1.2	0.9~2.0	1.2~2.0	1.2~3.0
风景区道路级别	风景区面积/hm²			
	100~1000	1000~5000	>5000	
主干道	7~14	7~18	7~21	
次干道	7~11	7~14	7~18	
游览道	3~5	4~6	5~7	
小　道	0.9~2.0	0.9~2.5	0.9~3.0	

混凝土强度等级。混凝土强度等级是混凝土施工中控制工程量和工程验收的重要依据,它是按立方体抗压强度的标准值划分的,共划分为 14 个等级,并用 C 与立方体抗压强度标准值(以 MPa,即 N/mm^2 计)表示。它们是 C15、C20、C25、C30、C35、C40、C45、C50、C55、C60、C65、C70、C75 和 C80。

(2)路牙铺设

①混凝土块路牙。指按设计用混凝土预制的长条形砌块铺装在道路边缘,起保护路面的作用。

②机砖路牙。用机制标准砖铺装路牙,有立栽和侧栽两种形式。

(3)树池围牙

①绿地预制混凝土围牙。指将预制的混凝土块埋置于种植有花草树木的地段,对种植有花草树木的地段起围护作用,防止人员、牲畜和其他可能的外界因素对花草树木造成伤害的保护性设施。

②树池预制混凝土围牙。指将预制的混凝土块埋置于树池的边缘,对树池起围护作用和保护作用。

（4）嵌草砖铺装

①嵌草砖品种如图 5-2 所示。

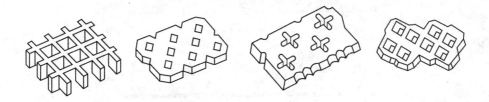

图 5-2　可种草的混凝土预制砖

②嵌草砖规格、颜色。预制混凝土砌块按照设计可有多种形状，大小规格也有很多种，也可做成各种彩色的砌块。但其厚度都不小于 80mm，一般厚度都设计为 100～150mm。砌块的形状基本可分为实心的和空心的两类。

（5）石桥基础

①基础类型。

a. 条形基础。条形基础又称带形基础，是由柱下独立基础沿纵向串联而成，可将上部框架结构连成整体，从而减少上部结构的沉降差。

b. 独立基础。指现浇钢筋混凝土独立柱下的基础，其断面形式有阶梯形、平板形、角锥形和圆锥形。

c. 杯形基础。当独立基础中心预留有安装钢筋混凝土预制柱的孔洞时，则称为杯形基础。

d. 桩基础。由若干根设置于地基中的桩柱和承接建筑物上部结构荷载的承台构成的一种基础。

②石料种类。

a. 花岗石。花岗石属于酸性结晶深成岩，是火成岩中分布最广的岩石，其主要矿物组成为长石、石英和少量云母。

b. 汉白玉。汉白玉是一种纯白色大理石，因其石质晶莹纯净，洁白如玉、熠熠生辉而得名。

c. 青白石。是石灰岩的俗称，颜色为青白色。

③石料规格。片石厚度不得小于 15cm，不得有尖锐棱角；块石应有两个较大的平行面，厚度为 20～30cm，形状大致方正，宽度约为厚度的 1～1.5 倍，长度约为厚度的 1.5～3 倍，粗料石厚度不得小于 20cm，宽度为厚度的 1～1.5 倍，长度约为厚度的 1.5～4 倍，错缝砌筑。

（6）石桥墩、石桥台

①勾缝要求。在桥两端的边墙上，应各设一道变形缝（含伸缩缝），缝宽为 15～20mm，缝内用浸过沥青的毛毡填塞，表面加做防水层，以防雨水浸入或异物阻塞。

②砂浆配合比。常用砌筑砂浆参考配合比见表 5-2。

表 5-2　常用混合砂浆配合比

砂浆强度等级	水泥强度等级	配合比（水泥：石灰膏：砂）	每立方米用料（kg）		
			水泥	石灰膏	砂子
M1	32.5	1：3.0：17.5	88.5	265.5	1500
M2.5	32.5	1：2：12.5	120	240	1500
M5.0	32.5	1：1：8.5	176	176	1500
M7.5	32.5	1：0.8：7.2	207	166	1450
M10	32.5	1：0.5：7.5	264	132	1450

（7）石望柱

①柱高。按柱基上表面算至柱顶的高度。望柱总高一般在 66～120cm 之间。

②柱截面。石望柱的直径可根据柱高确定，应为柱高的 2/11。

③柱头。柱头是指柱子上端支承上部结构物的部分。它是传递上部荷载固定上部结构物的功能。按柱子受力分有轴心受压柱头与偏心受力柱头两种。

（8）木制步桥

木材的品种主要分天然木材和人造板材。天然木材按用途和加工的不同分为原条、原木、锯材和枕木四类。

二、驳岸护岸

（1）石砌驳岸

①石料种类。园林中常见石砌驳岸材料有花岗石、虎皮石、青石、浆砌块石等。

②驳岸截面、长度。驳岸要求基础坚固，埋入湖底深度不得小于 50cm，基础宽度要求在驳岸高度的 0.6～0.8 倍范围内。墙身要确保一定厚度。墙体高度根据最高水位和水面浪高来确定。

③勾缝要求，如加浆勾缝。

④砂浆强度等级或配合比，如 1：2 水泥砂浆。

（2）原木桩驳岸

①桩木规格。桩木规格视驳岸要求和地基土质情况而定，直径一般为 10～15cm，长 1～2m，弯曲度（d/l）小于 1%。

②防护材料种类。清油又名熟油、鱼油，适用于调制厚漆和防锈油的油料，还可单独用于木质表面的涂刷，作防水、防锈之用。它是以干性植物油或混合植物油为主加催干剂等经熬炼加工而成。

（3）散铺砂卵石护岸

①护岸平均宽度，如平均宽度 1500mm。

②卵石粒径、大卵石粒径、数量，如粒径 60mm 以内，大卵石数量点 2/3。

第三节　园路、园桥工程计价定额相关规定及工程量计算规则（以黑龙江省建设工程计价为例）

园路即园林绿地中的道路，是联系园林绿地中各景区、景点的纽带和脉络。园路的功能体现在既能引导游览路线，满足游人游览观赏、休息散步以及开展各种游园活动的需要，也是分隔、联系、组织、形成园林空间和园林景观的重要元素和手段,因而园路是园林造景的主要内容,也是园林景观的重要组成部分。

园桥的功能与园路一样,既是交通设施,满足人、车通行,起交通联系作用,又是园林绿地中重要的水上景点,以其优美的造型构成园林景观,体现造景、赏景的功能。

所以,掌握园路、园桥工程量计算规则,准确计算园路、园桥的工程量,对整个工程的计价影响很大。

一、园路工程计价定额相关规定

①园路工程中拼花卵石面层定额是以简单图案(如拼花、古钱、方胜等)编制的,如拼复杂图案(如人物、花鸟、瑞兽等),应另行计算。

②铺卵石路面定额包括选、洗卵石,清扫,养护等工作内容。

③路牙(路沿)材料与路面相同时,将路牙(路沿)的工作量并入路面内计算;如材料不同,可另行计算。

④定额中没有包括的路面、路牙铺设,道路伸缩缝及树池围牙等可参照市政道路定额中的相应项目计算。

⑤树池盖板定额中已包括铺放树皮及打药,如设计与定额不同,可扣除定额中的相应材料。

二、园路工程定额工程量计算规则

①园路中拼花卵石面层定额以包含拼花图案的最小方形或矩形面积计算。

②室内地面以主墙间面积计算,不扣柱、垛、间壁墙所占面积,应扣除室内装饰件底座所占面积,室外地坪和散水应扣除 $0.5m^2$ 以上的树池、花坛、盖板沟、须弥座、照壁等新占面积。

③漫石子地面不扣除砖、瓦条拼花所占面积,若砌砖心应扣除砖心所占面积。

④用卵石拼花、拼字,均按花或字的外接矩形或圆形面积计算其工程量。

⑤贴陶瓷片按实铺面积计算,瓷片拼花或拼字时,按花或字的外接矩形或圆形面积计算,其工程量乘以系数 0.8。

⑥路牙,按单侧长度以米计算。

⑦混凝土或砖石台阶,按图示尺寸以立方米计算。

⑧台阶和坡道的踏步面层,按图示水平投影面积以平方米计算。

⑨树穴盖板按平方米计算。

⑩园路土基整理路床工程量按整理路床的面积计算,不包括路牙面积,计量单位为平方米。

园路土基整理路床工作内容包括厚度在 30cm 以内挖土、填土、找平、夯实、整修,弃土 2m 以外。

⑪园路基础垫层工程量以基础垫层的体积计算,计量单位为立方米。基础垫层体积按垫层设计宽度两边各放宽 5cm 乘以垫层厚度计算。

园路基础垫层工作内容包括筛土、浇水、拌和、铺设、找平、灌浆、震实、养护。

⑫园路面层工程量按不同面层材料、面层厚度、面层花式,以面层的铺设面积计算,计量单位为平方米。

⑬各种园路面层和地坪按图示尺寸以平方米计算。坡道园路带踏步者,其踏步部分应

予以扣除,并另按台阶相应定额子目计算。

园路面层工作内容包括放线、整修路槽、夯实、修平垫层、调浆、铺面层、嵌缝、清扫。

三、园桥工程计价定额相关规定

(1)园桥

①园桥包括基础、桥台、桥墩、护坡、石桥面等项目,如遇缺项可分别按《黑龙江省建设工程计价依据市政工程计价定额 2010》第二册的相应项目定额执行,其合计工日乘以系数 1.25,其他不变。

②园桥挖土方、垫层、勾缝及有关配件的制作、安装,按现行土建定额相应项目计算,石桥面砂浆嵌缝已包括在定额内,不另计算。

(2)步桥

①步桥是指建造在庭园内的,主桥孔洞 5m 以内,供游人通行兼有观赏价值的桥梁。但不适用在庭园外建造。

②步桥桥基是按混凝土桥基编制的,已综合了条形、杯形和独立基础因素,除设计采用桩基础时可另行计算外,其他类型的混凝土桥基,均不得调整。

③步桥的土方、垫层、砖石基础、找平层、桥面、墙面勾缝、装饰、金属栏杆、防潮防水等项目,执行相应定额子目。

④预制混凝土望柱,执行本定额中园林建筑及小品工程的预制混凝土花架制作和安装相应定额子目。

⑤石桥的金刚墙细石安装项目中,已综合了桥身的各部位金刚墙的因素,不分雁翅金刚墙、分水金刚墙和两边的金刚墙,均按本定额执行。

⑥石桥桥身的旋石项目,执行金刚墙细石安装相应定额子目。

⑦细石安装定额是按青白石和花岗石两种石料编制的,如实际使用砖渣石、汉白玉石时,执行青白石相应定额子目,使用其他石料时,应另行计算。

⑧细石安装,如设计要求采用铁锔子或铁银锭时,其铁锔子或铁银锭应另行计算。

⑨石桥的抱鼓安装,执行栏板相应定额子目。

⑩石桥的栏板(包括抱鼓)、望柱安装,定额以平直为准,遇有斜栏板、斜抱鼓及其相连的望柱安装,另按斜形栏板、望柱安装定额执行。

⑪预制构件安装用的接头灌缝,参照执行黑龙江省建设工程计价,依据《市政工程计价定额》(2010 年)第八章(钢筋、铁件)相应定额子目。

四、园桥工程定额工程量计算规则

(1)园桥

园桥毛石基础、桥台、桥墩、护坡按设计图示尺寸以立方米计算,细石混凝土、石桥按设计图示尺寸以平方米计算。

(2)步桥

①桥基础、现浇混凝土柱(桥墩)、梁、拱旋、预制混凝土拱旋、望柱、门式梁;平桥板、砖石拱旋砌筑和内旋石、金刚墙方整石、旋脸石和水兽(首)石等,均以图示尺寸以立方米计算。

②现浇桥洞底板按图示厚度,以平方米计算。

③挂檐贴面石按图示尺寸,以平方米计算。

④型钢锔子、铸铁银锭以个计算。

⑤仰天石、地伏石、踏步石、牙子石均按图示尺寸,以米计算。

⑥河底海墁、桥面石分厚度,以平方米计算。

⑦石栏板(含抱鼓)按设计底边(斜栏板斜长)长度,以块计算。

⑧石望柱按设计高度,以根计算。

⑨预制构件的接头灌缝,除杯形基础以个计算外,其他均按构件的体积以立方米计算。

⑩预制平板桥支撑,按预制平板桥的体积以立方米计算。

⑪木桥板制作安装,按设计图示尺寸以面积(桥面板长乘以桥面板宽)计算;栏杆扶手按设计图示尺寸以长度计算。

第四节　园路、园桥工程工程量清单项目设置规则及说明

一、园路、园桥

园路、园桥工程工程量清单项目设置、项目特征描述的内容、计量单位、工程量计算规则应按表 5-3 的规定执行。

表 5-3　园路、园桥工程(编码:050201)

项目编码	项目名称	项目特征	计量单位	工程量计算规则	工作内容
050201001	园路	1. 路床土石类别 2. 垫层厚度、宽度、材料种类 3. 路面厚度、宽度、材料种类 4. 砂浆强度等级	m²	按设计图示尺寸以面积计算,不包括路牙	1. 路基、路床整理 2. 垫层铺筑 3. 路面铺筑 4. 路面养护
050201002	踏(蹬)道			按设计图示尺寸以水平投影面积计算,不包括路牙	
050201003	路牙铺设	1. 垫层厚度、材料种类 2. 路牙材料种类、规格 3. 砂浆强度等级	m	按设计图示尺寸以长度计算	1. 基层清理 2. 垫层铺设 3. 路牙铺设
050201004	树池围牙、盖板(箅子)	1. 围牙材料种类、规格 2. 铺设方式 3. 盖板材料种类、规格	1. m 2. 套	1. 以米计量,按设计图示尺寸以长度计算 2. 以套计量,按设计图示数量计算	1. 清理基层 2. 围牙、盖板运输 3. 围牙、盖板铺设
050201005	嵌草砖(格)铺装	1. 垫层厚度 2. 铺设方式 3. 嵌草砖(格)品种、规格、颜色 4. 漏空部分填土要求	m²	按设计图示尺寸以面积计算	1. 原土夯实 2. 垫层铺设 3. 铺砖 4. 填土

续表 5-3

项目编码	项目名称	项目特征	计量单位	工程量计算规则	工作内容
050201006	桥基础	1. 基础类型 2. 垫层及基础材料种类、规格 3. 砂浆强度等级	m³	按设计图示尺寸以体积计算	1. 垫层铺筑 2. 起重架搭、拆 3. 基础砌筑 4. 砌石
050201007	石桥墩、石桥台	1. 石料种类、规格 2. 勾缝要求 3. 砂浆强度等级、配合比	m³	按设计图示尺寸以体积计算	1. 石料加工 2. 起重架搭、拆 3. 墩、台、券石、券脸砌筑 4. 勾缝
050201008	拱券石	1. 石料种类、规格 2. 券脸雕刻要求 3. 勾缝要求 4. 砂浆强度等级、配合比		按设计图示尺寸以体积计算	
050201009	石券脸		m²	按设计图示尺寸以面积计算	
050201010	金刚墙砌筑		m³	按设计图示尺寸以体积计算	1. 石料加工 2. 起重架搭、拆 3. 砌石 4. 填土夯实
050201011	石桥面铺筑	1. 石料种类、规格 2. 找平层厚度、材料种类 3. 勾缝要求 4. 混凝土强度等级 5. 砂浆强度等级	m²	按设计图示尺寸以面积计算	1. 石材加工 2. 抹找平层 3. 起重架搭、拆 4. 桥面、桥面踏步铺设 5. 勾缝
050201012	石桥面檐板	1. 石料种类、规格 2. 勾缝要求 3. 砂浆强度等级、配合比			1. 石材加工 2. 檐板铺设 3. 铁锔、银锭安装 4. 勾缝
050201013	石汀步（步石、飞石）	1. 石料种类、规格 2. 砂浆强度等级、配合比	m³	按设计图示尺寸以体积计算	1. 基层整理 2. 石材加工 3. 砂浆调运 4. 砌石
050201014	木制步桥	1. 桥宽度 2. 桥长度 3. 木材种类 4. 各部位截面长度 5. 防护材料种类	m²	按桥面板设计图示尺寸以面积计算	1. 木桩加工 2. 打木桩基础 3. 木梁、木桥板、木桥栏杆、木扶手制作、安装 4. 连接铁件、螺栓安装 5. 刷防护材料

续表 5-3

项目编码	项目名称	项目特征	计量单位	工程量计算规则	工作内容
050201015	栈道	1. 栈道宽度 2. 支架材料种类 3. 面层材料种类 4. 防护材料种类	m²	按栈道面板设计图示尺寸以面积计算	1. 凿洞 2. 安装支架 3. 铺设面板 4. 刷防护材料

注:①园路、园桥工程的挖土方、开凿石方、回填等应按现行国家标准《市政工程工程量计算规范》GB 50857 相关项目编码列项。

②如遇某些构配件使用钢筋混凝土或金属构件时,应按现行国家标准《房屋建筑与装饰工程工程量计算规范》GB 50854 或《市政工程工程量计算规范》GB 50857 相关项目编码列项。

③地伏石、石望柱、石栏杆、石栏板、扶手、撑鼓等应按现行国家标准《仿古建筑工程工程量计算规范》GB 50855 相关项目编码列项。

④亲水(小)码头各分部分项项目按照园桥相应项目编码列项。

⑤台阶项目应按现行国家标准《房屋建筑与装饰工程工程量计算规范》GB 50854 相关项目编码列项。

⑥混合类构件园桥应按现行国家标准《房屋建筑与装饰工程工程量计算规范》GB 50854 或《通用安装工程工程量计算规范》GB 50856 相关项目编码列项。

二、驳岸护岸

驳岸护岸工程量清单项目设置、项目特征描述的内容、计量单位、工程量计算规则应按表 5-4 的规定执行。

表 5-4　驳岸、护岸(编码:050202)

项目编码	项目名称	项目特征	计量单位	工程量计算规则	工作内容
050202001	石(卵石)砌驳岸	1. 石料种类、规格 2. 驳岸截面、长度 3. 勾缝要求 4. 砂浆强度等级、配合比	1. m³ 2. t	1. 以立方米计量,按设计图示尺寸以体积计算 2. 以吨计量,按质量计算	1. 石料加工 2. 砌石(卵石) 3. 勾缝
050202002	原木桩驳岸	1. 木材种类 2. 桩直径 3. 桩单根长度 4. 防护材料种类	1. m 2. 根	1. 以米计量,按设计图示桩长(包括桩尖)计算 2. 以根计量,按设计图示数量计算	1. 木桩加工 2. 打木桩 3. 刷防护材料
050202003	满(散)铺砂卵石护岸(自然护岸)	1. 护岸平均宽度 2. 粗细砂比例 3. 卵石粒径	1. m² 2. t	1. 以平方米计量,按设计图示尺寸以护岸展开面积计算 2. 以吨计量,按卵石使用质量计算	1. 修边坡 2. 铺卵石
050202004	点(散)布大卵石	1. 大卵石粒径 2. 数量	1. 块(个) 2. t	1. 以块(个)计量,按设计图示数量计算 2. 以吨计量,按卵石使用质量计算	1. 布石 2. 安砌 3. 成型

续表 5-4

项目编码	项目名称	项目特征	计量单位	工程量计算规则	工作内容
050202005	框格花木护岸	1. 展开宽度 2. 护坡材质 3. 框格种类与规格	m²	按设计图示尺寸展开宽度乘以长度以面积计算	1. 修边坡 2. 安放框格

注:①驳岸工程的挖土方、开凿石方、回填等应按现行国家标准《房屋建筑与装饰工程工程量计算规范》GB 50854—2013 附录 A 相关项目编码列项。

②木桩钎(梅花桩)按原木桩驳岸项目单独编码列项。

③钢筋混凝土仿木桩驳岸,其钢筋混凝土及表面装饰应按现行国家标准《房屋建筑与装饰工程工程量计算规范》GB 50854—2013 相关项目编码列项,若表面"塑松皮"按本规范附录 C"园林景观工程"相关项目编码列项。

④框格花木护岸的铺草皮、撒草籽等应按规范 GB 50858—2013 附录 A"绿化工程"相关项目编码列项。

第五节 园路、园桥工程工程量计算

一、园路、园桥

【示例】 某公园正方形树池,边长为 1.15m,若将其四周围牙处理,则该树池围牙清单工程量是多少。

【解】 项目编码:050201004

项目名称:树池围牙、盖板。

围牙清单工程量:$4 \times 1.15 = 4.6$m

【示例】 平面桥如图 5-3 所示,桥面两边铺有青白石加工而成的仰天石,每块长 1.6m,栏杆下面装有青白石加工而成的地伏石,每块长 0.5m,桥身下有石望柱支撑,柱高 1m,试求其工程量。

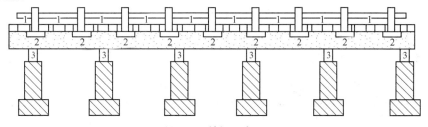

图 5-3 某桥示意图
1. 仰天石 2. 地伏石 3. 石望柱

【解】

(1)项目编码:050201011

项目名称:仰天石、地伏石

工程量计算规则:按设计图示尺寸以长度或体积计算。

地伏石:9 块

地伏石长度:$L = 0.5 \times 9 \times 2 = 9.00$m

(2)项目编码:050201011

项目名称:仰天石、地伏石

工程量计算规则:按设计图示尺寸以长度或体积计算。

地伏石:20 块

仰天石长度:$L=1.6\times20\times2=64m$

清单工程量计算见表 5-5。

表 5-5　清单工程量计算表

序号	项目编码	项目名称	项目特征描述	计量单位	工程量
1	050201011011	仰天石、地伏石	青白石仰天石,每块长 1.6m	m	64
2	050201011002	仰天石、地伏石	青白石仰天石,每块长 0.5m	m	9.00

说明:计算仰天石和地伏石的长度时,先计算出桥一侧的长度,再乘以 2,才是整座桥上仰天石和地伏石的长度。

二、驳岸

【示例】　某人工湖为石砌驳岸,驳岸长 200m,平均宽 10m,驳岸表面为花岗石铺面,厚 30cm,花岗石表层下为 C20 混凝土砌块厚 100mm,40mm 厚粗砂间层,大块石垫层厚 150mm,素土夯实,试求其工程量(图 5-4)。

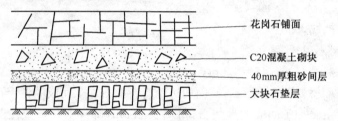

花岗石铺面
C20混凝土砌块
40mm厚粗砂间层
大块石垫层

图 5-4　驳岸图

【解】

项目编码:050202001

项目名称:石砌驳岸

工程量计算规则:按设计图示尺寸以体积计算。

驳岸工程量:

$V=长\times宽\times高=200\times10\times(0.3+0.1+0.04+0.15)=1100.8m^3$

清单工程量计算见表 5-6。

表 5-6　清单工程量计算表

项目编码	项目名称	项目特征描述	计量单位	工程量
050202001	石砌驳岸	驳岸长 200m,平均宽 10m,花岗石铺面	m^3	1100.8

第六章 园林景观工程工程量计算及其计价

第一节 园林景观工程量计价相关资料

一、堆塑假山工程

1. 土山丘的修整

填土全部完成后,应进行表面拉线找平,凡超过标准高程的地方,及时依线铲平,对低于标准高的地方,应补土夯实。

2. 选石

山石选用的主要目的是要将不同的山石运用到最合适的位点上,组成最和谐的山石景观。选石包括山石尺度的选择、石形的选择、山石皱纹选择、石态的选择、石质的选择和山石颜色的选择。

3. 山体的堆砌

在基础上堆砌山的立体部分,应按山的一般结构从基部山麓到山腰再到山顶,基部常为两层紧密相连的较大石块,以确保坚固平稳。在这以上的整个山体,则用统一的形式,并按照该形式的基本要求做出不同的堆砌。如在山顶多数做成险峻的奇峰,也有山顶并不做挺拔的立峰,而以状如云片的扁形石块封顶。

4. 假山的修整

使用叠、竖、拼、垫、挑、压、撑、悬等方法砌筑的石块之间常留有缝隙,需用砂浆粘结加固,即对假山进行勾缝。修整过程中,如果所用砂浆的颜色与石块的颜色不同,就会影响山体色彩和纹理的美观,故在调制砂浆时需要加入与石色类似或调和的颜料,给石灰石勾缝的砂浆应加入煤粉,使其呈现出与石块接近的灰色。

5. 点风景石的选择

一般应选轮廓线凹凸变化大、姿态特别、石体空透的高大山石。如用作单峰石的山石,形态上要有瘦、漏、透、皱的特点。"瘦"就是要求山石的长宽比值不宜太小,石形不臃肿,不呈矮墩状,要显得精瘦而有骨力。"漏"则是指山石内要有漏空的洞道空穴,石面要有滴漏状的悬垂部分。"透"特指山石上能够透过光线的空透孔眼。"皱",则是指山石表面要有天然形成的皱折和皱纹。

6. 点石

①在规则式水体中,石景常布置在池中。

②在自然式水体中,石景可以布置在水边,做成山石驳岸、散石草坡岸或山石汀岸、石矶、礁石等。

③在场地中布置石景,要求其周围空间不能有过多的立面上的景观,要保持空间的一定单纯性。

因此,点风景石应伴以绿化,使石景与环境之间的关系能够协调。

二、原木、竹构件

1. 构件预制

预制构件是根据工程的需要,按照图纸的设计尺寸预先制作的建筑物的部件。预制构件分为六类:

①桩类:钢筋混凝土桩、木桩、钢桩等。

②柱类:花架等园林小品的望柱可以预制。

③梁类:矩形梁、异形梁、过梁、拱形梁、鱼腹式吊车梁、风道梁。

④屋架类:屋架(拱、梯形、组合、薄腹、三角形)、门式刚架、天窗架。

⑤板类:F 形板、平板、空心板、槽形板、大型屋面板、拱形屋面板、折板、双 T 板、大楼板、大墙板、大型多孔墙面板等。

⑥其他类:檩条、雨篷、阳台、楼梯段、楼梯踏步、楼梯斜梁等。

2. 构件安装

构件安装是将原木(带树皮)柱、梁、檩、椽构件用人工或机械吊装组合成架。架的安装主要包括构件的翻身、就位、加固、安装、校正、垫实结点、焊接或紧固螺栓等,不包括构件连接处的填缝灌浆。

(1)基层处理

基层处理包括清扫、起钉子、除油污、刮灰土。

①铲去脂囊,将脂迹刮净,流松香的节疤挖掉,较大的脂囊应用木纹相同的材料和胶镶嵌。

②磨砂纸,先磨线角后磨四口平面,顺木纹打磨,有小块翘皮用小刀撕掉,有重皮的地方用小钉子钉牢固。

③点漆片,在木节疤和油迹处,用酒精漆片点刷。

(2)刷底子油

①刷清油一遍。

②抹腻子。腻子的重量配合比为石膏粉:熟桐油:水=20:7:50。待操作的清油干透后,用石膏油腻子刮抹平整,腻子要横抹竖起,将腻子刮入钉孔或裂纹内。

③磨砂纸。腻子干透后,用 1 号砂纸打磨,磨法与底层磨砂纸相同。磨完后应打扫干净,并用潮布将磨下粉末擦净。

(3)刷第一遍漆

①刷铅油。将色铅油、光油、清油、汽油、煤油等混合在一起搅拌过箩。调配各种所需颜色的铅油涂料,其稠度以达到盖底、不流淌、不显刷痕为准。

②抹腻子。

③磨砂纸。

再刷第二遍油漆。

刷最后一遍油漆。

三、亭廊屋面工程

1. 树皮屋面刷防护材料

①喷甲基硅醇钠憎水剂。

②喷涂聚合物水泥砂浆三遍(颜色自定)。

③喷一道 108 胶水溶液(配比 108 胶∶水＝1∶4)。

④50mm 厚钢丝网水泥保护层。

⑤刷 0.8mm 厚聚氨酯防水涂膜第二道防水层。

⑥刷 0.8mm 厚聚氨酯防水涂膜第一道防水层。

⑦基层表面满涂一层聚氨酯。

2. 混凝土制作、运输、浇筑、振捣、养护

①混凝土拌制。按照混凝土配合比将水泥、水和粗、细骨料以及外加剂等进行均匀拌合及混合的过程。按拌制方式分为人工拌制和机械拌制。

②混凝土运输。指混凝土从搅拌机出料口倒入运输工具经过垂直及水平运输送至浇筑部位的过程。

③混凝土浇筑。为保证混凝土的强度和结构的整体性,浇筑工作原则上应连续进行,减少时间间隔。

④混凝土振捣。对浇筑入模后的混凝土通过人工或器械的作用消除上下层接缝、排除其内部气泡、使其均匀密实的生产工序。混凝土振捣分人工振捣和机械振捣两种。

⑤混凝土养护。其是为保证已浇筑好的混凝土在规定龄期内加速内部硬化,达到设计要求的强度,防止收缩裂缝,使混凝土处在一定温度、湿度环境的措施。

3. 泛水

屋面防水层与垂直墙面相交处的构造处理称为泛水。在防水层与垂直面交接处,须用水泥砂浆或混凝土做成圆弧状($R=50\sim100$mm)或做成斜面,斜面与屋面的夹角为$135°$,以防止卷材因直角转折而断裂或不能铺实。卷材在垂直面上的粘贴高度一般为 300mm,不宜小于 250mm。为增强泛水的防水能力,卷材上端应固定在墙内的木条上。上端的间隔用水泥砂浆填平。泛水上口通常由墙内挑出 1/4 砖,用砂浆抹出坡面并做滴水。

4. 嵌缝

①嵌缝前,先用钢丝刷、压缩空气把缝槽内残渣尘土等清除干净,并保持干燥(表面含水率小于 6%)。

②进行油膏嵌缝时,先将板缝满涂冷底子油一遍,要求刷得薄而均匀,并刷过板面 3cm,待其干燥后,立即冷嵌或热灌油膏。

③如冷嵌施工则将油膏搓成比缝宽一些的密实细长条,嵌入缝内,借刮刀用力压实刮平,使与缝槽紧密粘牢,无空隙、边缘整齐、密实,并使高出板面 3~5mm 盖过板缝。

四、花架工程

1. 接头灌浆

接头灌浆是指预制钢筋混凝土构件的坐浆、灌缝、堵板孔、塞板梁缝等。

2. 构件运输

构件运输是将预制的构件用运输工具将其运到预定的地点。具体工作内容按照构件类别的不同分为预制混凝土构件运输和金属结构构件运输。在运输构件过程中,构件类型、品种多样,体形大小及结构形状各不相同,运输难易有一定的差异,所用的装卸机械、运输工具也不同。

五、园林桌椅工程

1. 表面涂刷

①在竹材表面涂刷生漆、铝质厚漆等可防水。

②用 30# 石油沥青或煤焦油,加热涂刷竹材表面,可起防虫蛀的功效。

③配制氟硅酸钠、氨水和水的混合剂,每隔 1h 涂刷竹材一次,共涂刷三次,或将竹材浸渍于此混合剂中,可起防腐之效。

2. 砖石砌筑

砖石砌筑宜采用一铲灰、一块砖、一挤揉的"三一"砌砖法,即满铺、满挤操作法。砌砖一定要跟线,"上跟线,下跟棱,左右相邻要对平"。水平灰缝厚度和竖向灰缝宽度一般为 10mm,但不应小于 8mm,也不应大于 12mm。

在操作过程中,要认真进行自检,如出现有偏差,应随时纠正。清水墙不允许有三分头,不得在上部任意变活、乱缝。砌筑砂浆应随搅拌随使用,一般水泥砂浆必须在 3h 内用完,混合砂浆必须在 4h 内用完,不得使用过夜砂浆。砌清水墙应随砌随划缝,划缝深度为 8~10mm,深浅一致,墙面清扫干净。

3. 塑树皮、绘制木纹

塑树根桌凳的砖胎基层按造型配钢筋,用网孔 3mm 钢丝网与钢筋固定。然后用 1:3 水泥砂浆塑基本树墩型,用 25mm 厚 1:2 水泥砂浆塑树年轮纹。

六、喷泉

1. 管道安装

①喷泉管道要根据实际情况布置。装饰性小型喷泉,其管道可直接埋入土中,或用山石、矮灌木遮盖。大型喷泉,分主管和次管,主管要敷设在可通行人的地沟中,为了便于维修应设检查井;次管直接置于水池内。管网布置应排列有序,整齐美观。

②环形管道最好采用十字形供水,组合式配水管宜用分水箱供水,其目的是要获得稳定等高的喷流。

③喷泉所有的管线都要具有不小于 2% 的坡度,便于停止使用时将水排空;溢水管安有 3% 的顺坡,直接与泄水管相连,所有管道均要进行防腐处理;管道接头要严密,安装必须牢固。

2. 阀门安装

①安装前,应仔细核对所用阀门的型号、规格是否符合设计要求。还应检查填料及压盖螺栓,须有足够的调节余量,并要检查阀杆是否灵活,有无卡涩和歪斜现象。

②在水平管道安装时,阀杆应垂直向上,或者倾斜某一角度。如果阀门安装在难于接近的地方或者较高的地方,为了便于操作,可以将阀杆装成水平,同时再装一个带有传动装置的手轮或远距离操作装置。

③安装法兰式阀口时,应保证两法兰端面互相平行和同心。铸铁阀门应避免因强力连接或受力不均引起的损坏。拧紧法兰螺栓时,应对称或十字交叉进行。

④安装螺纹连接的阀门时,应保证螺纹完整无缺,管螺纹上要缠生料带或白厚漆加油麻丝;拧紧时,必须用扳手咬牢拧入管子一端的六角体上,用力要均匀,以保证阀体不致拧变形和损坏。

3. 水泵安装

①水泵的安装位置应满足允许吸上真空高度的要求,基础必须水平、稳固,保证动力机械的旋转方向与水泵的旋转方向一致。

②水泵和动力机采用轴连接时,要保证轴心在同一直线上,以防机组运行时产生振动及

轴承单面磨损;若采用胶带传动,则应使轴心相互平行,胶带轮对正。若同一机房内有多台机组,机组与机组之间,机组与墙壁之间都应有 800mm 以上的距离。

③水泵吸水管必须密封良好,且尽量减少弯头和闸阀,加注引水时应排尽空气,运行时管内不应积聚空气,要求吸水管微呈上斜与水泵进水口连接,进水口应有一定的淹没深度。水泵基础上的预留孔,应根据水泵的尺寸浇注。

4. 刷防护材料

喷泉工程中,埋于地下的钢管应做防腐处理,方法是先将管道表面除锈,刷防锈漆两遍,如红丹漆等。埋于地下的铸铁管、外管一律刷沥青防腐,明露部分可刷红丹漆。

5. 电缆保护管安装

①电缆遇到铁路、公路、城市街道、有行车要求的公园主要道路时,应穿钢管或水泥管保护。电缆管的两端宜伸出道路两边各 2m,伸出排水沟 0.5m。

②直埋电缆进入电缆沟、隧道、人井等时,应穿在管中。

③电缆需从直埋电缆沟引出地面,如引到电杆上时,应在地面上 2m 一段应用金属管加以保护,保护钢管应伸入地面以下 0.1m 以上。

④保护管的埋设深度应≥0.7m;在人行道下面敷设时,不应小于 0.5m。

⑤直埋电缆保护管引进电缆沟、隧道、人井及建筑物时,管口应加以封堵,以防渗水。

6. 主控制柜调试

(1)柜(盘)调试

①高压试验应由供电部门指定的试验单位进行。高压试验结果必须符合国家现行技术标准的规定和柜(盘)的技术资料要求。

②试验内容。高压柜框架、母线、电压互感器、电流互感器、避雷器、高压开关、高压瓷瓶等。

③调校内容。时间继电器、过流继电器、信号继电器及机械连锁等调校。

(2)二次控制线调试

①二次控制线所有的接线端子螺丝再紧固一次,确保固定点牢固可靠。

②二次回路线绝缘测试。用 500V 摇表测试端子板上每条回路的电阻,其电阻值必须大于 0.5MΩ。

③二次回路中的晶体管、集成电路、电子元件等,应采用万用表测试是否接通。严禁使用摇表和试铃测试。

④接通临时控制电源和操作电源,将柜(盘)内的控制、操作电源回路熔断器上端相线拆掉,接上临时电源。

⑤模拟试验。根据设计规定和技术资料的相关要求,分别模拟试验控制系统、连锁和操作系统、继电保护和信号动作。应正确无误,灵敏可靠。

⑥全部调试工作结束之后,拆除临时电源,将被拆除的电源线复位。

七、杂项工程

1. 灯具安装

(1)灯架、灯具安装

按设计要求测出灯具(灯架)安装高度,在电杆上画出标记。将灯架、灯具吊上电杆(较重的灯架、灯具可使用滑轮、大绳吊上电杆),穿牙抱箍或螺栓,按设计要求找好照射角度,调好平整度后,将灯架紧固好。成排安装的灯具其仰角应保持一致,排列整齐。

（2）配接引下线

将针式绝缘子固定在灯架上,将导线的一端在绝缘子上绑好回头,并分别与灯头线、熔断器进行连接。将接头用橡胶布和黑胶布半幅重叠各包扎一层。然后,将导线的另一端拉紧,并与路灯干线背扣后进行缠绕连接。操作时应注意以下几点:

①每套灯具的相线应装有熔断器,且相线应接螺口灯头的中心端子。

②引下线与路灯干线连接点距杆中心应为 400～600mm,且两侧对称一致。

③引下线凌空段不应有接头,长度不应超过 4m,超过时应加装固定点或使用钢管引线。

④导线进出灯架处应套软塑料管,并做防水弯。

（3）试灯

全部安装工作完毕后,送电、试灯,并进一步调整灯具的照射角度。

2. 铁艺栏杆安装

首先立好预埋件,把水平线吊在要安装栏杆的两端,拉紧,两端的高度应一致,并且固定好,安装时最好有三个人,两个人拿着焊接好的栏杆按着水平线对齐,另一个人先用焊机把栏杆点在预埋件上,待全部点好后再检查是否顺直,然后,再用焊机加固。

3. 标志牌制作

标志牌的位置要适宜,尺寸要合理,大小高低应与环境相协调,要以使用或引起游客注意为主。在造型上应注意处理好其观赏价值和内容的关系,为方便游人夜间使用,还要考虑夜间的照明要求,并且还要有防雨措施或耐风吹雨淋的特点,以免损坏。

4. 雕凿

雕凿应根据不同的部位选择不同的工具。具体做法如下:

①雕凿前,首先应把需用的工具准备好,并放在手边专用箱内。再检查砖的干燥程度,使用的砖必须干燥充分,如果比较潮湿,不易雕凿,而且雕凿时易松酥掉块。

②浅雕及深雕必须认真细致,应先凿后刻,先直后斜,再铲、剐、刮平,用刀之手要放低,并以无名指接触砖面掌握力度。锤子下敲时要轻,用力要均匀,先划线凿出一条刀路之后,刀子方可放斜再边凿边铲。

第二节　园林景观工程项目特征介绍

一、堆塑假山工程

1. 堆筑土丘山

堆筑土山丘应说明土丘高度、土丘坡度要求及土丘底外接矩形面积,如高度 3000mm,坡度 40%,面积 1000m^2。

（1）土丘高度

山的高度可因需要确定。如供人登临的山,为有高大感并利于远眺,应高于平地树冠线。在这个高度上可以不致使人产生"见林不见山"的感觉。当山的高度难以满足10～30m要求时,要尽可能不在主要欣赏面中靠山脚处种植过大的乔木,而应植以低矮灌木突出山的体量。对于那些分隔空间和起障景作用的土山,高度在 1.5m 以能遮挡视线就足够了。

（2）土丘坡度要求

《公园设计规范》中规定：地形设计应以总体设计所确定的各控制点的高程为依据。大高差或大面积填方地段的设计标高，应计入当地土壤的自然沉降系数。改造的地形坡度超过土壤的自然安息角时，应采取护坡、固土或防冲刷的工程措施。植草皮的土山最大坡度为33％，最小坡度为1％。人力剪草机修剪的草坪坡度不应大于25％。

2. 堆砌石假山

（1）石料种类

堆砌石假山所需的材料种类丰富，主要包括湖石、黄石、青石、钟乳石、石蛋、黄蜡石、水秀石等。

（2）混凝土强度等级

陆地上选用不低于C15的混凝土，水中假山基采用C20水泥砂浆砌块石，或C20的素混凝土作基础为妥。

（3）砂浆强度等级、配合比

水泥砂浆或石灰砂浆砌筑块石用作假山基础时，可用1∶2.5或1∶3水泥砂浆砌一层块石，厚度为300～500mm；水下砌筑所用水泥砂浆的比例则应为1∶2。

水泥砂浆或混合砂浆用作胶结材料时，在受潮部分，水泥与砂配合比为1∶1.5～1∶2.5；不受潮部分使用混合砂浆，水泥∶石灰∶砂＝1∶3∶6。水泥砂浆干燥比较快，不怕水；混合砂浆干燥较慢，怕水，但强度较水泥砂浆高，价格也较低廉。

3. 钢骨架及砖骨架塑假山

（1）骨架材料种类

钢骨架是钢筋铁丝网塑石构造。其结构骨架要先按照设计的岩石或假山形体，用直径12mm左右的钢筋，编扎成山石的模胚形状。钢筋的交叉点最好用电焊焊牢，然后，再用铁丝网蒙在钢筋滑架外面，并用细铁丝紧紧地扎牢。接着就用粗砂配制的1∶2水泥砂浆，从石内石外两面进行抹面。一般要抹面2～3遍，使塑石的石壳总厚度达到4～6cm。采用这种结构形式的塑石作品，不能受到猛烈撞击，因为石内一般是空的，否则山石容易遭到破坏。

砖骨架是采用砖石填充物塑石构造。先按照设计的山石形体，用废旧的山石材料砌筑起来，砌体的形状大致与设计石形差不多。当砌体胚形完全砌筑好后，就用1∶2或1∶2.5的水泥砂浆，仿照自然山石石面进行抹面。以这种结构形式做成的塑石，石内既有空心的，也有实心的。

（2）砂浆配合比

常用砌筑砂浆参考配合比见表6-1。

表6-1　常用混合砂浆配合比

砂浆强度等级	水泥强度等级	配合比 水泥∶石灰膏∶砂	每立方米用料（kg）		
			水泥	石灰膏	砂子
M1	32.5	1∶3.0∶17.5	88.5	265.5	1500
M2.5	32.5	1∶2∶12.5	120	240	1500
M5.0	32.5	1∶1∶8.5	176	176	1500
M7.5	32.5	1∶0.8∶7.2	207	166	1450
M10	32.5	1∶0.5∶7.5	264	132	1450

4. 石笋

①石笋高度、材料种类,如高度3000mm,钟乳石。

②砂浆配合比,如1∶3水泥砂浆。

5. 点风景石

①石料种类、规格、重量,如红砂石500mm×600mm×1500mm,2.6t/m³。用于点风景石的石料有湖石。它包括太湖石、仲宫石、房山石、英德石和宣石。

②砂浆配合比,如1∶3水泥砂浆。

6. 池石、盆景山

①座、盘。座、盘是指特制岩石要配特制的基座,方能作为庭院中的摆设。这种基座,可以是规则式的石座,也可以是自然式的。凡用自然岩石做成的座称为"盘"。

②山石高度。池石的山石高度要与环境空间和水池的体量相称,石景(如单峰石)的高度应小于水池水度的一半。

③山石种类。常见的假山石种类包括湖石(太湖石、仲宫石、房山石、英德石、宣石)、黄石、青石、石笋石、钟乳石、水秀石、云母片石、大卵石和黄蜡石。

7. 山石护角

①石料种类。石料的种类主要有花岗石、汉白玉和青白石三种。

花岗石。花岗石属于酸性结晶深成岩,是火成岩中分布最广的岩石,其主要矿物组成为长石、石英和少量云母。

汉白玉。汉白玉是一种纯白色大理石,因其石质晶莹纯净,洁白如玉、熠熠生辉而得名。汉白玉石料就是指的这种大理石。

青白石。颜色为青白色,是石灰岩的俗称。

②石料规格。片石厚度不得小于15cm,块石厚度为20~30cm、形状大致方正,应有两个较大的平行面。宽度约为厚度的1~1.5倍,长度约为厚度的1.5~3倍。

每层的石料高度大致一样并且要错缝砌筑。

粗料石厚度不得小于20cm,宽度为厚度的1~1.5倍,长度为厚度的1.5~4倍也要错缝砌筑。

城市桥梁当采用片石和块石砌筑时,宜采用料石或混凝土块镶面。

8. 山坡石台阶

台阶坡度应考虑到排水、防滑等问题,踏面应做成稍有坡高,较适宜的坡度为1%。踏板突出于竖板的宽度不应超过2.5cm,以防绊跌。

二、原木、竹构件

1. 原木(带树皮)柱、梁

①原木种类、原木梢径(不含树皮厚度),如二类、一等原木,梢径400mm。

②构件连接方式,如铆接。

③防护材料种类,如刷防腐剂三道。

2. 原木(带树皮)墙

①原木种类、原木梢径(不含树皮厚度),如一类、一等原木,梢径150mm。

②墙龙骨材料种类,如一类、一等原木。

③构件连接方式,如铆接。

④防护材料种类,如刷防腐剂三道。

3. 树枝吊挂楣子

①原木种类、原木梢径(不含树皮厚度),如二类、二等原木,梢径100mm。

②构件连接方式,如铆接。

③防护材料种类,如刷防腐剂三道。

4. 竹柱、竹梁、竹檩

①竹种类、竹梢径,如楠竹,梢径50mm。

②构件连接方式,如铆接。

③防护材料种类,如刷防腐剂三道。

5. 竹编墙

①竹种类、竹梢径,如楠竹,梢径20mm。

②墙龙骨材料种类,如楠竹。

③防护材料种类,如刷防腐剂三道。

6. 竹吊挂楣

①竹种类、竹梢径,如金丝竹,梢径15mm。

②防护材料种类,如刷防腐剂三道。

7. 原木种类

原木分为直接使用原木和加工用原木两大类。直接使用原木有坑木、电杆和桩木;加工用原木又分一般加工用材和特殊加工用材。特殊加工用的原木有造船材、车辆材和胶合板材。各种原木的径级、长度、树种及材质要求,由国家标准规定。

8. 墙龙骨

龙骨是以冷轧钢板(带)、镀锌钢板(带)或喷塑钢板(带)为原料,采用冷弯工艺生产的薄壁型钢。用作墙体或吊顶的龙骨,其钢板(带)厚度为0.5~1.5mm。墙龙骨的种类有木框、竹框、水泥类面层等。

9. 木材防护材料种类

①木材常用的防腐、防虫材料有水溶性防腐剂(氟化钠、硼铬合剂、硼酚合剂、铜铬合剂);油类防腐剂(混合防腐油、强化防腐油);油溶性防腐剂(五氯酚、林丹和五氯酚合剂、沥青浆膏)。

②木材常用防火材料有各种金属、水泥砂浆、熟石膏、耐火涂料(硅酸盐涂料、可赛银涂料、氯乙烯涂料等)。

10. 竹类防护材料种类

①防水材料有。生漆、铝质厚漆、永明漆或熟桐油、克鲁素油、乳化石油沥青、松香和赛璐珞丙酮溶液。

②防火材料有。水玻璃(50份)、碳酸钙(5份)、甘油(5份)、氧化铁(5份)、水(40份)混合剂。

③防腐材料有。1%~2%五氯苯酚酸钠、配制氟硅酸钠(12份)、氨水(19份)、水(500份)混合剂、黏土(100份)、氟化钠(100份)、水(200份)混合剂。

④防霉、防虫材料有30号石油沥青、煤焦油、生桐油、虫胶漆、清漆、重铬酸钾(5%)、硫酸铜(3%)、氧化砷水溶液(氧化砷1%:水91%)、0.8%~1.25%硫酸铅液、1%~2%醋酸铅液、1%~2%石碳酸液。

⑤防裂材料有生漆或桐油。

三、亭廊屋面

1. 草屋面、竹屋面及树皮屋面

①铺草(竹材)种类,如麦草(楠竹)。

②屋面坡度,如 20%。

③防护材料种类,如刷防腐剂三道。

2. 现浇混凝土斜屋面板、攒尖亭屋面板

①檐口高度,如高度 8.6m。

②屋面坡度,如坡度 20%。

③板厚,如厚度 50mm。

④椽子截面,如 40mm×80mm。

⑤老角梁、子角梁截面:300mm×500mm。

⑥脊截面,如 600mm×650mm。

⑦混凝土强度等级,如 C20。

3. 就位预制混凝土攒尖亭屋面板、混凝土穹顶

①亭屋面坡度、板厚,如坡度 40%,板厚 60mm。

②穹顶弧长、直径,如弧长 8m。

③混凝土、砂浆强度等级,如 C20 混凝土,M5 水泥砂浆。

④拉杆材质,规格,如扁钢 60mm×8mm,圆钢 10mm。

4. 彩色压型钢板(夹芯板)攒尖亭屋面板、穹顶

①屋面坡度、穹顶弧长、直径,如坡度 40%,弧长 5m。

②彩色压型钢板(夹心板)品种、规格、品牌、颜色,如 0.8mm 厚彩色涂层钢板,V125型,象牙色。

③拉杆材质、规格,如不锈钢管 D50mm×3mm。

④防护材料种类,加刷防锈漆三遍。

5. 屋面坡度

①单坡跨度大于 9m 的屋面宜作结构找坡,坡度不应小于 3%。

②当材料找坡时,可用轻质材料或保温层找坡,坡度宜为 2%。

③天沟、檐沟纵向坡度不应小于 1%,沟底水落差不得超过 200mm;天沟、檐沟排水不得流经变形缝和防火墙。

④卷材屋面的坡度不宜超过 25%,当坡度超过 25%时应采取防止卷材下滑的措施。

⑤刚性防水屋面应采用结构找坡,坡度宜为 2%~3%。

屋面坡度与斜面长度系数见表 6-2。

表 6-2　屋面坡度与斜面长度系数

屋面坡度	高度系数	1.00	0.67	0.50	0.45	0.40	0.33	0.25	0.20	0.15	0.125	0.10	0.083	0.066
	坡度	1/1	1/1.5	1/2	—	1/2.5	1/3	1/4	1/5	—	1/8	1/10	1/12	1/15
	角度	45°	33°40′	26°34′	24°14′	21°48′	18°26′	14°02′	11°19′	8°32′	7°08′	5°42′	4°45′	3°49′
斜长系数		1.4142	1.2015	1.1180	1.0966	1.0770	1.0541	1.0380	1.0198	1.0112	1.0078	1.0050	1.0035	1.0022

6. 檐口高度

建筑物屋顶在檐墙的顶部位置称檐口。檐口高度一般取 2.6～4.2m,可视亭体量而定。重檐檐口标高,下檐口标高为 3.3～3.6m,上檐口标高为 5.1～5.8m。

7. 现浇混凝土斜屋面板及攒尖亭屋面板板厚

平顶板 15mm,藻井板 18mm,封檐板 20mm×200mm,夹堂板 15mm×110mm。

8. 椽子截面

椽材@200～300mm。飞椽 50mm×35mm,50mm×45mm,70mm×70mm@200,40mm×50mm@220。出檐椽 50mm×60mm,50mm×65mm,ϕ70@230,ϕ80@250,或圆木 ϕ60～ϕ80 对开@200～250mm。

9. 亭屋面坡度

亭的屋顶造型有攒尖顶、翘檐角、三角形、多角形、扇形、平顶等多种,其屋面坡度因其造型不同而有所差异,但都应达到排水要求。

10. 彩色压型钢板、品种、规格

①镀锌压型钢板。镀锌压型钢板,其基板为热镀锌板,镀锌层重应不小于 275g/m^2(双面),产品标准应符合国标《连续热镀锌钢板和钢带》(GB/T 2518—2008)的要求。

②涂层压型钢板。为在热镀锌基板上增加彩色涂层的薄板压型而成,其产品标准应符合《彩色涂层钢板及钢带》(GB/T 12754—2006)的要求。

③锌铝复合涂层压型钢板。锌铝复合涂层压型钢板为新一代无紧固件扣压式压型钢板,其使用寿命更长,但要求基板为专用的、强度等级更高的冷轧薄钢板。

压型钢板根据其波型截面可分为:

高波板:波高大于 75mm,适用于作屋面板。

中波板:波高 50～75mm,适用于作楼面板及中小跨度的屋面板。

低波板:波高小于 50mm,适用于作墙面板。

④常用压型钢板的规格。选用压型金属板时,应根据荷载及使用情况选用定型产品,其常用规格型号见表 6-3。

表 6-3　建筑用压型钢板规格、型号　　　　　　　　(mm)

序号	型　号	截面基本尺寸	展开宽度
1	YX173-300-300		610
2	YX130-300-600		1000

续表 6-3

序号	型　号	截面基本尺寸	展开宽度
3	YX130-275-550		914
4	YX75-230-690（Ⅰ）		1100
5	YX75-230-690（Ⅱ）		1100
6	YX75-210-840		1250
7	YX75-200-600		1000
8	YX70-200-600		1000
9	YX28-200-600（Ⅰ）		1000
10	YX28-200-600（Ⅱ）		1000

续表 6-3

序号	型 号	截面基本尺寸	展开宽度
11	YX28-150-900（Ⅰ）		1200
12	YX28-150-900（Ⅱ）		1200
13	YX28-150-900（Ⅲ）		1200
14	YX28-150-900（Ⅳ）		1200
15	YX28-150-750（Ⅰ）		1000
16	YX28-150-750（Ⅱ）		1000
17	YX51-250-750		1000
18	YX38-175-700		960

续表 6-3

序号	型　号	截面基本尺寸	展开宽度
19	YX35-125-750		1000
20	YX35-187.5-750（Ⅰ）		1000
21	YX35-115-690		914
22	YX35-115-677		914
23	YX28-300-900（Ⅰ）		1200
24	YX28-300-900（Ⅱ）		1200
25	YX28-100-800（Ⅰ）		1200
26	YX28-100-800（Ⅱ）		1200

续表 6-3

序号	型　号	截面基本尺寸	展开宽度
27	YX21-180-900		1100
28	YX35-187.5-750 (U-188)		1000

11. 嵌缝材料种类

园林建筑轻型屋面板自防水的接缝防水材料有：水泥、砂子、碎石、水乳型丙烯酸密封膏、改性沥青防水嵌缝油膏、氯磺化聚乙烯密封膏、聚氯乙烯胶泥、塑料油膏、橡胶沥青油膏和底涂料等。

四、花架

1. 现浇混凝土花架柱、梁

①柱截面、高度，如 400mm×400mm，高度 0.9m。

②盖梁截面、高度，如 250mm×250mm。

③连系梁截面、高度，如 300mm×300mm。

④混凝土强度等级，如 C25。

2. 预制混凝土花架柱、梁

①柱截面、高度，如 400mm×400mm，高度 0.9m。

②岩梁截面、高度，如 250mm×250mm。

③连系梁截面、高度，如 300mm×300mm。

④砂浆配合比，如 1:1 水泥砂浆。

3. 木花架柱

①木材种类，如二类，一等原木。

②柱、梁截面，如柱截面 350mm×350mm，梁截面 250mm×250mm。

③连接方式，如榫铆连接。

④防护材料种类，如刷调和漆三遍。

4. 金属花架柱、梁

①钢材品种、规格，如钢管 50mm×4mm。

②柱、梁截面，如梁截面 φ50。

③油漆品种、刷漆遍数，如刷红丹防锈漆两遍，刷调和漆三遍。

5. 连系梁

连系梁是用以将平面排架、框架、框架与剪力墙或剪力墙与剪力墙连接起来，以形成完整的空间结构体系的梁，也可称连梁或系梁。

钢筋混凝土花架负荷一般按 0.2～0.5kN/m² 计，再加上自重，所以，可按建筑艺术要求先定截面,再按简支或悬臂方式来验算截面高度 h。

简支:$h \geqslant L/20$(L—简支跨径)。

悬臂:$h \geqslant L/9$(L—悬臂长)。

①花架上部小横梁(格子条)。断面选择结果常为 50mm×(120～160)mm、间距@500mm,两端外挑 700～750mm,内跨径多为 2700mm、3000mm、3300mm。

②花架梁。断面选择结果常在 80mm×(160～180)mm 间,可分别视施工构造情况,按简支梁或连续梁设计。纵梁收头处外挑尺寸常在 750mm 左右,内跨径则在 3000mm 左右。

③悬臂挑梁。挑梁截面尺寸形式不仅要满足前面要求,为求视觉效果,本身还有起拱和上翘要求。一般翘高度 60～150mm,视悬臂长度而定。

搁置在纵梁上的支点可采用 1～2 个。

④钢筋混凝土柱。柱的截面控制在 150mm×150mm 或 150mm×180mm 间,若用圆形截面 d=160mm 左右,现浇、预制均可。

6. 木材种类

木材种类可分为针叶树材和阔叶树材两大类。杉木及各种松木、云杉和冷杉等是针叶树材;柞木、水曲柳、香樟、檫木及各种桦木、楠木和杨木等是阔叶树材。中国树种很多,因此各地区常用于工程的木材树种也各异。

①支柱。柞木、轴木等具有最长的使用年限、使用年限达到 100 年或更长。

②主梁。柞木、柚木或赤桉木用于柱的硬木,也可较好地用于主梁。虽然柞木的截面小一些,如不加约束也可两根一起使用。软材,如经浸渍的松木或纵木等可用 60～70 年,但在其构造做法中应避免留有存水的凹槽,其顶部用金属或柞木做压顶的,可延长使用年限。浸渍的欧洲赤松在接头及与其他木材搭接处易于腐朽。

7. 金属花架柱、梁截面

花架柱、梁截面见表 6-4。

表 6-4　花架柱、梁截面参考尺寸

类别 项目	竹	木
截面估算	$d=\left(\dfrac{1}{30}\sim\dfrac{1}{35}\right)L$	$h=\left(\dfrac{1}{20}\sim\dfrac{1}{25}\right)L$
常用梁尺寸	$\phi70\sim\phi150$	50～80mm×150mm,100mm×200mm
横梁	$\phi100$	50mm×150mm
挂落	$\phi30$、$\phi60$、$\phi70$	20mm×30mm,40mm×60mm
细部	$\phi25$、$\phi30$	
立柱	$\phi100$	140～150mm×140～150mm

注:L—跨度;h—高度;d—直径。

五、园林桌椅

1. 木制飞来椅

①木材种类,如二类,一等锯材。

②坐凳面厚度、宽度,如 100mm×8mm。

③靠背扶手截面,如 20mm×80mm。

④靠背截面,如 20mm×100mm。

⑤座凳楣子形状、尺寸,如藤景式,宽度 700mm。

⑥铁件尺寸、厚度,如角钢 40mm×40mm×4mm,扁钢 40m×4mm。

⑦油漆品种、刷油遍数,如润油粉、刮腻子、调和漆三遍。

2. 钢筋混凝土飞来椅

①座凳面厚度、宽度。

②靠背扶手截面,如 40mm×10mm。

③靠背截面,如 10mm×15mm。

④座凳楣子形状、尺寸。

⑤混凝土强度等级,如 C20。

⑥砂浆配合比,如 1∶1 水泥砂浆。

⑦油漆品种、刷油遍数,如刷调和漆三遍。

3. 竹制飞来椅

①竹材种类,如楠竹。

②座凳面厚度、宽度。

③靠背扶手稍径,如 φ50。

④靠背截面,如 φ10。

⑤座凳楣子形状、尺寸。

⑥铁件尺寸、厚度,如扁钢 40mm×4mm。

⑦防护材料种类,如刷防腐剂两遍。

4. 现浇混凝土桌凳

①桌凳形状,如方形。

②基础尺寸、埋设深度,如 300mm×300mm,深 150mm。

③桌面尺寸、支墩高度,如 700mm×700mm,高 800mm。

④凳面尺寸、支墩高度,如 φ600,高 200mm。

⑤混凝土强度等级、砂浆配合比,如 C20 混凝土,1∶1 水泥砂浆。

5. 预制混凝土桌凳

①桌凳形状,如方形。

②基础尺寸、埋设深度,如 500mm×500mm,深 500mm。

③桌面尺寸、支墩高度,如 700mm×700mm,高 800mm。

④混凝土强度等级、砂浆配合比,如 C20 混凝土,1∶1 水泥砂浆。

6. 石桌石凳

①石材种类,如青石。

②基础形状、尺寸、埋设深度,如方形,300mm×300mm,深 200mm。

③凳面形状、尺寸、支墩高度,如方形,400mm×400mm,高 300mm。

④砂浆配合比,如 1∶1 水泥砂浆。

7. 塑树根桌凳、树节椅

①桌凳直径,如桌直径 800mm。

②桌凳高度,如桌高度 800mm。

③砖石种类,如粉煤灰砖,240mm×115mm×53mm。

④砂浆强度等级、配合比,如 M5 水泥砂浆、1∶1 水泥砂浆。

⑤颜料品种、颜色,如氧化铁黑、黑色。

8. 塑料、铁艺、金属椅

①座板面截面,如 650mm。

②塑料、铁艺、金属椅规格、颜色,如圆钢 25mm、黑色。

③混凝土强度等级,如 C20 混凝土。

④防护材料种类,如刷红丹防锈漆两遍、刷调和漆三遍。

9. 座凳面厚度、宽度

①对于成年人来说,单人座凳长约为 0.6m,双人座凳不大于 1.2m,三人座凳长度不大于 1.8m。座凳一般应高于地面 0.36~0.45m,宽度 0.4~0.45m 为宜。为了使人们坐得舒适,座面往往带有 6°~7°的水平倾角。

木制飞来椅座凳面应设两块以上,厚度在 3cm 以上,座板间缝隙在 2cm 以下。

②钢筋混凝土飞来椅的座凳面厚度通常为 90mm,宽度通常为 310mm。

③竹制飞来椅由竹材加工制作而成,一般而言,凳、椅的坐面离地 30~45cm。一个人的座位宽 60~75cm。

10. 靠背截面

靠背高度在 0.35~0.65m 之间,以 0.38~0.4m 为宜,靠背与座面有一个在 98°~110°之间的夹角,并且座面与靠背呈微倾的曲线,可与人体相吻合。

①木制飞来椅的靠背截面尺寸通常为木条 25mm×65mm;铁架 15mm。

②钢筋混凝土飞来椅的靠背可做成 25mm 厚混凝土中距 120mm,配筋 1ϕ4,用白水磨石做面层。其截面厚度做成 60mm。

③竹制飞来椅的靠背高 35~65cm,并宜作 3°~15°的后倾。

11. 预制混凝土桌凳基础及桌、凳面情况

①预制混凝土桌凳基础形状以支墩形状为准,基础的周边应比支墩延长 100mm。基础埋设深度为 180mm。

②预制混凝土凳的凳面形状可设计成圆形、方形或自然形状。凳面 0.18m² 左右。支墩埋设深度为 120mm。

12. 石桌石凳基础及桌、凳情况

①石桌石凳基础用 3∶7 灰土材料制成。其四周比支墩放宽 100mm,基础厚 150mm,埋设深度为 450mm。

②石桌桌面的形状可以设计成方形、圆形或自然形状。桌面 1m² 左右。支墩埋设深度为 300mm。

③石凳凳面形状可设计成方形、圆形或自然形状。凳面 0.18m² 左右。支墩埋设深度为 120mm。

13. 塑树根桌凳直径

塑树根桌的直径为 350~400mm,塑树根凳的直径为 150~200mm。

14. 颜料种类

建筑彩画所用的颜料分为有机(植物)颜料和无机(矿物质)颜料。

①有机(植物)颜料。有机(植物)颜料多用于绘画山水人物花卉等(即白活)部分,常用的有:藤黄(海藤树内流出的胶质黄液,有剧毒)、胭脂、洋红、曙红、桃红珠、柠檬黄、紫罗兰、玫瑰、花青等。它们的特点是着色力和透明性都很强,但耐光性、耐久性均非常差,也不很稳定。

②无机矿物质颜料。在彩画中常用的矿物质颜料有:洋绿、石绿、沙绿、佛青、银朱、石黄、铬黄、雄黄、铅粉、立德粉、钛白粉、广红、赭石、朱砂、石青、普鲁士蓝、黑烟子和金属颜料等。

六、喷泉

1. 喷泉管道

①管材、管件、水泵、阀门、喷头品种、规格、品牌,如铸铁管及管件 $DN80$,清水泵,截止阀 $DN80$。

②管道固定方式,如铁件固定。

③防护材料种类,如刷防腐剂三遍。

2. 喷泉电缆

①保护管品种、规格,如钢管 $DN80$。

②电缆品种、规格,如 $VLV500V3×5+1×2.5mm^2$。

3. 水下艺术装饰灯具

①灯具品种、规格、品牌,如水下灯, $\phi100$。

②灯光颜色,如紫色。

4. 电气控制柜

①规格、型号,如 $400mm×1000mm$,配电控制柜。

②安装方式,如落地。

5. 常用喷头形式

常用喷头形式包括直流式、旋流式、环隙式、散射式、吸气(水)式及组合式喷头,如图6-1所示。

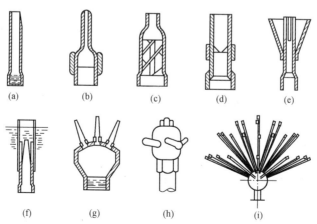

图 6-1　常用喷头的形式

(a)直流式喷头　(b)可转动喷头　(c)旋转式喷头(水雾喷头)　(d)环隙式喷头　(e)散射式喷头
(f)吸气(水)式喷头　(g)多股喷头　(h)回转喷头　(i)多层多股球形喷头

①直流式喷头。直流式喷头使水流沿圆筒形或渐缩形喷嘴直接喷出,形成较长的水柱,是形成喷泉射流的喷头之一。这种喷头内腔类似于消防水枪形式,构造简单,造价低廉,应用广泛。如果制成球铰接合,还可调节喷射角度,称为"可转动喷头"。

②旋流式喷头。旋流式喷头由于离心作用使喷出的水流散射成蘑菇圆头形或喇叭花形。这种喷头有时也用于工业冷却水池中。旋流式喷头,也称"水雾喷头",其构造复杂,加工较为困难,有时还可采用消防使用的水雾喷头代替。

③环隙式喷头。环隙式喷头的喷水口是环形缝隙,是形成水膜的一种喷头,可使水流喷成空心圆柱,使用较小水量获得较大的观赏效果。

④散射式喷头。散射式喷头使水流在喷嘴外经散射形成水膜,根据喷头散射体形状的不同可喷成各种形状的水膜,如牵牛花形、马蹄莲形、灯笼形、伞形等。

⑤吸气(水)式喷头。吸气(水)式喷头是可喷成冰塔形态的喷头。它利用喷嘴射流形成的负压,吸入大量空气或水,使喷出的水中掺气,增大水的表观流量和反光效果,形成白色粗大水柱,形似冰塔,非常壮观,景观效果很好。

⑥组合式喷头。用几种不同形式的喷头或同一形式的多个喷头组成组合式喷头,可以喷射出极其美妙壮观的图案。

6. 管道

钢管的连接方式有螺纹连接、焊接和法兰连接三种。

①镀锌管必须用螺纹连接,多用于明装管道。

②焊接一般用于非镀锌钢管,多用于暗装管道。

③法兰连接一般用在连接阀门、止回阀、水泵、水表等处,以及需要经常拆卸检修的管段上。就管径而言,$DN<100mm$ 时管道用螺纹连接;$DN>100mm$ 时用法兰连接。

7. 防护材料种类

管道及设备防腐常用材料有防锈漆、面漆、沥青。喷泉管道常用的防护材料有沥青和红丹漆。

8. 保护管品种、规格

钢管电缆管的内径应不小于电缆外径的 1.5 倍,其他材料的保护管内径应不小于 1.5 倍再加 100mm。保护钢管的管口应无毛刺和尖锐棱角,管口宜做成喇叭形;外表涂防腐漆或沥青,镀锌钢管锌层剥落处也应涂防腐漆。

9. 电缆种类

在电力系统中,电缆的种类很多,常用的有电力电缆和控制电缆两大类。

(1)电力电缆

135℃辐照交联低烟无卤阻燃聚乙烯绝缘电缆。该电缆导体允许长期最高工作温度不大于135℃,当电源发生短路时,电缆温度升至 280℃时,可持续时间达 5min。电缆敷设时环境温度最低不能低于－40℃,施工时应注意电缆弯曲半径,一般不应小于电缆直径的15 倍。

辐照交联低烟无卤阻燃聚乙烯电力电缆。该电缆导体允许长期最高工作温度不大于135℃,当电源发生短路时,电缆温度升至 280℃时,可持续时间达 5min。电缆敷设时环境温度最低不能低于－40℃。施工时,要注意单芯电缆弯曲应大于等于 20 倍电缆外径,多芯电缆应大于等于 15 倍电缆外径。

（2）控制电缆

辐照交联低烟无卤阻燃聚乙烯控制电缆导体允许长期工作温度不大于 135℃，当电源发生短路时，电缆温度升至 280℃时可持续时间达 5min。电缆敷设时，环境温度最低不能低于－40℃。

10. 灯具品种

从灯具的安装方式来分类，可以分为台灯、地灯、吊灯等；从灯具的照明性能来分类，可分为直接照明、间接照明等；从灯具的使用功能来分类，可分为路灯、投光灯、信号灯等。

11. 灯光颜色

室内照明光源的颜色性质由它的显色性和色表所表征。光源的显色性取决于受它影响的物体的色表能力，同样色表的光源可能由完全不同的光谱组成，因此在颜色显现方面可能呈现出极大的差异。

七、杂项

1. 石灯

①石料种类，如青石。

②石灯最大截面，如 800mm×400mm。

③石灯高度，如 500mm。

④混凝土强度等级，如 C20。

⑤砂浆配合比，如 1∶2 水泥砂浆。

2. 塑仿石音箱

①音箱石内空尺寸，如 300mm×400mm。

②铁丝型号，如镀锌铁丝 8mm。

③砂浆配合比，如 1∶1 水泥砂浆。

④水泥漆品牌、颜色，如红花牌、仿青石色。

3. 塑树皮梁、柱及塑竹梁、柱

①塑树种类，如塑松树皮。

②塑竹种类，如塑楠竹。

③砂浆配合比，如 1∶1 水泥砂浆。

④颜料品种、颜色，如氧化珞绿，黄丹粉。

4. 花坛铁艺栏杆

①铁艺栏杆高度，如 300mm。

②铁艺栏杆单位长度重量，如 0.3m²/m。

③防护材料种类，如刷红丹防锈漆一遍、调和漆三遍。

5. 标志牌

①材料种类、规格，如木工板 2400mm×1120mm。

②镌字规格、种类，如铜假字 64cm。

③喷字规格、颜色，如国画颜料。

④油漆品种、颜色，如红色调和漆三遍。

6. 石浮雕

①石料种类，如青石。

②浮雕种类,如浅浮雕。

③防护材料种类,如刷防护剂两遍。

7. 石镌字

①石料种类,如青石。

②镌字种类,如阴文。

③镌字规格,如 $25cm^2$。

④防护材料种类,如刷防护剂两遍。

8. 砖石砌小摆设

①砖种类、规格,如页岩砖 240mm×115mm×53mm。

②砂浆强度等级,如 M5 水泥砂浆。

③勾缝要求,如原浆勾平缝。

9. 塑树种类

在园林中,用于一般栏墙、围墙、隔断墙等墙面以及梁、柱的塑树种类,通常是松树类和杉树类。

10. 塑竹种类

塑竹梁、柱的塑竹种类有毛竹、黄金间碧竹等。

11. 栏杆高度

栏杆的高度要因地制宜,要考虑功能的要求,但不能简单地以高度来适应管理上的要求。

①悬岩峭壁、洞口、陡坡、险滩等处的防护栏杆的高度一般为 1.1～1.2m,栏杆格栅的间距要小于 12cm,其构造应粗壮、坚实。

②台阶、坡地的一般防护栏杆、扶手栏杆的高度常在 90cm 左右。

③设在花坛、小水池、草坪边以及道路绿化带边缘的装饰性镶边栏杆的高度为 15～30cm,其造型应纤细、轻巧、简洁、大方。

④用于分隔空间的栏杆要求轻巧空透、装饰性强,其高度视不同环境的需要而定。

⑤坐凳式栏杆、靠背式栏杆,常与建筑物相结合设于墙柱之间或桥边、池畔等处。

12. 标志牌制作材料

标志主件的制作材料,为耐久常选用花岗岩类天然石、不锈钢、铝、红杉类坚固耐用木材、瓷砖、丙烯板等。构件的制作材料一般采用混凝土、钢材、砖材等。

13. 石浮雕用石料种类

雕塑中常用的石料为大理石、青石、花岗石、砂石等。因石雕品种繁多,色泽纹理绚丽多彩,与天空地貌融为一体,材料质感和景物协调一致,能给人以崇高和美的自然享受。

①花岗岩是最常用的材料,也是最坚固的材料之一,密度为 $2500～2700kg/m^3$,抗压强度为 $1200～2500kgf/cm^2$,耐候性好,使用年限长。花岗岩是由石英、长石和云母三种造岩矿物组成的,因而它具有很好的色泽,且造价相对便宜,切割方便。

②大理石质地华美,颜色丰富多样,是营建雕塑的重要材料,但有些大理石不能用于室外,因为其极易受雨侵蚀、风化剥落。

③砂石也是可以用于室外雕塑的一种天然石料,但这种材料耐风化能力差别较大,含硅质砂岩耐久性强,可用于雕刻。

14. 石浮雕种类

石浮雕一般分为四类,见表 6-5。《营造法式》称为:素平、减地平级、压地起隐、剔地起突。

①素平。指对石面不做任何雕饰,只按使用位置和要求做适当处理的一种类型。

②减地平级。指在石面上雕刻花纹,并将花纹以外的石面浅浅剔去一层,让花纹部分有所突现,即"平浮雕"。

③压地起隐。"压地"即指降低,将图案以外的部分凿去,让图案部分凸起。"起隐"指将图案中雕刻的花纹隐隐突现出来,即"浅浮雕"。

④剔地起突。剔地起突是指将图案以外的部分剔凿得更深,让图案部分很明显地突出,并使图案部分的花纹通过深浅雕刻突现立体感,即"高浮雕"。

表 6-5　浮雕种类

浮雕种类	加 工 内 容
阴线刻	首先磨光磨平石料表面,然后以刻凹线(深度在 2~3mm)勾画出人物、动植物或山水
平浮雕	首先扁光石料表面,然后凿出堂子(凿深在 60mm 以内),凸出欲雕图案。图案凸出的平面应达到"扁光"、堂子达到"钉细麻"
浅浮雕	首先凿出石料初形,凿出堂子(凿深在 60~200mm 以内),凸出欲雕图形,再加工雕饰图形,使其表面有起有伏,有立体感。图形表面应达到"二遍刹斧",堂子达到"钉细麻"
高浮雕	首先凿出石料初形,然后凿掉欲雕图形多余部分(凿深在 200mm 以上),凸出欲雕图形,再细雕图形,使之有较强的立体感(有时高浮雕的个别部位与堂子之间漏空)。图形表面达到"四遍刹斧",堂子达到"钉细麻"或"扁光"

15. 石镌字种类、规格

石镌字分阴文(凹字)和阳文(凸字)两种,阴文(凹字)按字体大小分为 50cm×50cm、30cm×30cm、15cm×15cm、10cm×10cm、5cm×5cm 五个规格。阳文(凸字)按字体大小分为:50cm×50cm、30cm×30cm、15cm×15cm、10cm×10cm 四个规格。

16. 砖种类

①按原料来源不同分为黏土砖和非黏土砖。

②按烧成与否可分为烧结砖和非烧结砖。

③按制坯方法不同可分为机制砖和手工砖。

④按砖型不同可分为普通砖、空心砖、异型砖等若干类。

⑤按外观色彩不同可分为红砖、青砖、白砖等若干类。

第三节　园林景观工程计价定额规定及计算规则

堆砌假山是园林中以数量较多的山石堆叠而成的具有天然山体形态的假山造型,又称"迭石"(叠石)或"山",也称叠山,是我国的一门古老艺术,是园林建设中不可缺少的组成部分,它通过造景、托景、陪景、借景等手法,使园林环境千变万化,气魄更加宏伟壮观,景色更加宜人。它不是简单的山石堆垒,而是模仿真山风景,突出真山气势,具有林泉丘壑之美,是大自然景色在园林中的缩影。

一、堆塑假山工程

1. 堆塑假山工程工程计价定额的相关规定

①堆砌石假山、塑假山定额中均未包括基础部分。

②堆砌假山包括堆筑土山丘和堆砌石假山。

③假山顶部仿孤块峰石,是指人工叠造的独立峰石。在假山顶部突出的石块,不得执行人造独峰定额。

④人造独立峰的高度是指从峰底着地地坪算至峰顶的高度。峰石、石笋的高度,按其石料长度计算。

⑤砖骨架塑假山定额中,未包括现场预制混凝土板的制作费用,包括混凝土板的现场运输及安装。

⑥钢骨架塑假山定额中,不包括钢骨架刷油费用。

⑦定额不包括采购山石的勘察、选石费用,发生时由建设单位负担,不列入工程造价。

⑧山石台阶是指独立的、零星的山石台阶踏步。

⑨定额中已包括了假山工程石料 100m 以内的运距,超过 100m 时,按人工石料定额执行。

2. 堆塑假山工程定额工程量计算规则

(1)堆砌石假山的工程量

按下列公式以吨为单位计算。

$$W_1 = A \times H_1 \times R \times K_n$$

式中　W_1——假山质量(t);

　　　A——假山平面轮廓的水平投影面积(m^2);

　　　H_1——假山着地点至最高顶点的垂直距离(m);

　　　R——石料比重:黄(杂)石 2.6t/m^3,湖石 2.2t/m^3;

　　　K_n——折算系数:高度在 2m 以内时,$K_n=0.65$;高度在 4m 以内时,$K_n=0.56$。

(2)峰石、景石的工程量

按实际使用石料数量以吨为单位计算。

$$W_2 = L \times B \times H_2 \times R$$

W_2——山石单体质量(t);

　L——长度方向的平均值(m);

　B——宽度方向的平均值(m);

　H_2——高度方向的平均值(m);

　R——石料比重:黄(杂)石 2.6t/m^3

3. 山皮料塑假山

按山皮料的展开面积以平方米计算;骨架塑假山按外形的展开面积以平方米计算。

二、园林小品工程

1. 园林小品工程工程量计价定额的相关规定

①园林景观工程中土石方、混凝土结构等按相应项目执行。

②园林小品是指园林建设中的工艺点缀品,艺术性较强。

③定额中木材以自然状态干燥为准,如需烘干时,其费用另计。

④坐凳楣子、吊挂楣子级别划分:普通级包括灯笼锦、步步锦花式;中级包括盘肠、正万字、拐子锦、龟背锦花式;高级包括斜万字、冰裂纹、金钱如意心花式。

⑤麦草、山草、茅草、树皮屋面,不包括檩、桷,应另行计算。

⑥塑树根和树皮按一般造型考虑,如有特殊的艺术造型(如树枝、老松皮、寄生等)另行计算。

⑦塑楠竹、金丝竹按每条长度 1.5m 以上编制,如每条长度在 1.5m 以内时,工日乘以系数 1.5。

⑧古式木窗制作安装。

a. 木窗窗扇毛料规格为边挺 5.5cm×7.5cm,如与设计不同时,可进行换算,其他不变。

b. 木窗如做无框固定窗时,每平方米窗扇面积增加板方材 0.017m²,其他不变。

c. 木长窗框毛料规格为上坎为 11.9cm×22cm,抱坎 9.5cm×10.5cm,如与设计不同时,可进行换算,摇梗、楹子、窗闩等附属材料不变。

d. 木短窗框毛料规格为上下坎 11.5cm×11.5cm,抱坎 9.5cm×10.5cm,以下连檻为准。如用上下连檻时,每米增加板方材 0.001m³;如全部用短檻时,每米扣除板方材 0.001m³,其他不变。

2. 园林小品工程定额工程量计算规则

①原木构件定额中木柱、梁、檩按设计图示尺寸以立方米计算,包括榫长,定额中所注明的木材断面或厚度均以毛料为准,如设计图纸注明的断面或厚度为净料时,应增加刨光损耗,板、方材一面刨光增加 3mm,两面刨光增加 5mm,圆木每立方米体积增加 0.05m³。

②树皮、草类屋面按设计图示尺寸以斜面面积计算。

③喷泉管道支架按吨计算。螺栓、螺母已包括在定额中,不计算工程量。

④梁柱面塑松(杉)树皮及塑竹按设计图示尺寸以梁柱外表面积计算。

⑤塑树根、楠竹、金丝竹分不同直径按延长米计算。塑楠竹、金丝竹直径超过 150mm 时,按展开面积计算,执行梁柱面塑竹定额。

⑥树身(树头)和树根连塑,应分别计算工程量,套相应定额。

⑦须安座装饰按垂直投影面积以平方米计算。

⑧古式木窗框制作按窗框长度以延长米计算。古式木窗按扇制作、古式木窗框扇安装均按窗扇面积以平方米计算。

第四节　园林景观工程工程量清单项目设置及工程量计算规则

一、堆塑假山

堆塑假山工程量清单项目设置、项目特征描述的内容、计量单位、工程量计算规则应按表 6-6 的规定执行。

表6-6　堆塑假山(编码:050301)

项目编码	项目名称	项目特征	计量单位	工程量计算规则	工作内容
050301001	堆筑土山丘	1. 土丘高度 2. 土丘坡度要求 3. 土丘底外接矩形面积	m³	按设计图示山丘水平投影外接矩形面积乘以高度的1/3以体积计算	1. 取土、运土 2. 堆砌、夯实 3. 修整
050301002	堆砌石假山	1. 堆砌高度 2. 石料种类、单块重量 3. 混凝土强度等级 4. 砂浆强度等级、配合比	t	按设计图示尺寸以质量计算	1. 选料 2. 起重机搭、拆 3. 堆砌、修整
050301003	塑假山	1. 假山高度 2. 骨架材料种类、规格 3. 山皮料种类 4. 混凝土强度等级 5. 砂浆强度等级、配合比 6. 防护材料种类	m²	按设计图示尺寸以展开面积计算	1. 骨架制作 2. 假山胎模制作 3. 塑假山 4. 山皮料安装 5. 刷防护材料
050301004	石笋	1. 石笋高度 2. 石笋材料种类 3. 砂浆强度等级、配合比	支	1. 以块(支、个)计量,按设计图示数量计算	1. 选石料 2. 石笋安装
050301005	点风景石	1. 石料种类 2. 石料规格、重量 3. 砂浆配合比	1. 块 2. t	2. 以吨计量,按设计图示石料质量计算	1. 选石料 2. 起重架搭、拆 3. 点石
050301006	池、盆景置石	1. 底盘种类 2. 山石高度 3. 山石种类 4. 混凝土砂浆强度等级 5. 砂浆强度等级、配合比	1. 座 2. 个	1. 以块(支、个)计量,按设计图示数量计算 2. 以吨计量,按设计图示石料质量计算	1. 底盘制作、安装 2. 池、盆景山石安装、砌筑
050301007	山(卵)石护角	1. 石料种类、规格 2. 砂浆配合比	m³	按设计图示尺寸以体积计算	1. 石料加工 2. 砌石
050301008	山坡(卵)石台阶	1. 石料种类、规格 2. 台阶坡度 3. 砂浆强度等级	m²	按设计图示尺寸以水平投影面积计算	1. 选石料 2. 台阶砌筑

注:①假山(堆筑土山丘除外)工程的挖土方、开凿石方、回填等应按现行国家标准《房屋建筑与装饰工程工程量计算规范》(GB 50854—2013)相关项目编码列项。
②如遇某些构配件使用钢筋混凝土或金属构件时,应按现行国家标准《房屋建筑与装饰工程工程量计算规范》GB 50854或《市政工程工程量计算规范》(GB 50857—2013)相关项目编码列项。
③散铺河滩石按点风景石项目单独编码列项。
④堆筑土山丘,适用于夯填、堆筑而成。

二、原木、竹构件

原木、竹构件工程量清单项目设置、项目特征描述的内容、计量单位、工程量计算规则应按表 6-7 的规定执行。

表 6-7　原木、竹构件（编码：050302）

项目编码	项目名称	项目特征	计量单位	工程量计算规则	工作内容
050302001	原木（带树皮）柱、梁、檩、椽	1. 原木种类 2. 原木直（梢）径（不含树皮厚度）	m	按设计图示尺寸以长度计算（包括榫长）	1. 构件制作 2. 构件安装 3. 刷防护材料
050302002	原木（带树皮）墙	3. 墙龙骨材料种类、规格 4. 墙底层材料种类、规格 5. 构件联结方式 6. 防护材料种类	m²	按设计图示尺寸以面积计算（不包括柱、梁）	
050302003	树枝吊挂楣子			按设计图示尺寸以框外围面积计算	
050302004	竹柱、梁、檩、椽	1. 竹种类 2. 竹直（梢）径 3. 连接方式 4. 防护材料种类	m	按设计图示尺寸以长度计算	1. 构件制作 2. 构件安装 3. 刷防护材料
050302005	竹编墙	1. 竹种类 2. 墙龙骨材料种类、规格 3. 墙底层材料种类、规格 4. 防护材料种类	m²	按设计图示尺寸以面积计算（不包括柱、梁）	
050302006	竹吊挂楣子	1. 竹种类 2. 竹梢径 3. 防护材料种类		按设计图示尺寸以框外围面积计算	

注：①木构件连接方式应包括：开榫连接、铁件连接、扒钉连接、铁钉连接。
　　②竹构件连接方式应包括：竹钉固定、竹篾绑扎、铁丝连接。

三、亭廊屋面

亭廊屋面工程量清单项目设置、项目特征描述的内容、计量单位、工程量计算规则应按表 6-8 的规定执行。

表 6-8　亭廊屋面（编码：050303）

项目编码	项目名称	项目特征	计量单位	工程量计算规则	工作内容
050303001	草屋面	1. 屋面坡度 2. 铺草种类 3. 竹材种类 4. 防护材料种类	m²	按设计图示尺寸以斜面计算	1. 整理、选料 2. 屋面铺设 3. 刷防护材料
050303002	竹屋面			按设计图示尺寸以实铺面积计算（不包括柱、梁）	
050303003	树皮屋面			按设计图示尺寸以屋面结构外围面积计算	
050303004	油毡瓦屋面	1. 冷底子油品种 2. 冷底子油涂刷遍数 3. 油毡瓦颜色规格		按设计图示尺寸以斜面计算	1. 清理基层 2. 材料裁接 3. 刷油 4. 铺设

续表 6-8

项目编码	项目名称	项目特征	计量单位	工程量计算规则	工作内容
050303005	预制混凝土 穹顶	1. 穹顶弧长、直径 2. 肋截面尺寸 3. 板厚 4. 混凝土强度等级 5. 拉杆材质、规格	m³	按设计图示尺寸 以体积计算。混凝 土脊和穹顶的肋、基 梁并入屋面体积	1. 模板制作、运输、 安装、拆除、保养 2. 混凝土制作、运 输、浇筑、振捣、养护 3. 构件运输、安装 4. 砂浆制作、运输 5. 接头灌缝、养护
050303006	彩色压型 钢板(夹芯 板)攒尖亭 屋面板	1. 屋面坡度 2. 穹顶弧长、直径 3. 彩色压型钢(夹芯) 板品种、规格 4. 拉杆材质、规格 5. 嵌缝材料种类 6. 防护材料种类	m²	按设计图示尺寸 以实铺面积计算	1. 压型板安装 2. 护角、包角、泛水 安装 3. 嵌缝 4. 刷防护材料
050303007	彩色压型 钢板(夹芯 板)穹顶				
050303008	玻璃屋面	1. 屋面坡度 2. 龙骨材质、规格 3. 玻璃材质、规格 4. 防护材料种类			1. 制作 2. 运输 3. 安装
050303009	木(防腐木) 屋面	1. 木(防腐木)种类 2. 防护层处理			1. 制作 2. 运输 3. 安装

注：①柱顶石、钢筋混凝土屋面板、钢筋混凝土亭屋面板、木柱、木屋架、钢柱、钢屋架、屋面木基层和防水层等，应按现行国家标准《房屋建筑与装饰工程工程量计算规范》(GB 50854)中相关项目编码列项。

　　②膜结构的亭、廊，应按现行国家标准《仿古建筑工程工程量计算规范》(GB 50855)及《房屋建筑与装饰工程工程量计算规范》(GB 50854)中相关项目编码列项。

　　③竹构件连接方式应包括竹钉固定、竹篾绑扎、铁丝连接。

四、花架

　　花架工程量清单项目设置、项目特征描述的内容、计量单位、工程量计算规则应按表6-9的规定执行。

表 6-9　花架(编码:050304)

项目编码	项目名称	项目特征	计量单位	工程量计算规则	工作内容
050304001	现浇混凝土 花架柱、梁	1. 柱截面、高度、根数 2. 盖梁截面、高度、根数 3. 连系梁截面、高度、根数 4. 混凝土强度等级	m³	按设计图示尺寸以 体积计算	1. 模板制作、运输、安装、拆除、保养 2. 混凝土制作、运输、浇筑、振捣、养护
050304002	预制混凝土 花架柱、梁	1. 柱截面、高度、根数 2. 盖梁截面、高度、根数 3. 连系梁截面、高度、根数 4. 混凝土强度等级 5. 砂浆配合比			1. 模板制作、运输、安装、拆除、保养 2. 混凝土制作、运输、浇筑、振捣、养护 3. 构件运输、安装 4. 砂浆制作、运输 5. 接头灌缝、养护

续表 6-9

项目编码	项目名称	项目特征	计量单位	工程量计算规则	工作内容
050304003	金属花架柱、梁	1. 钢材品种、规格 2. 柱、梁截面 3. 油漆品种、刷漆遍数	t	按设计图示尺寸以质量计算	1. 制作、运输 2. 安装 3. 油漆
050304004	木花架柱、梁	1. 木材种类 2. 柱、梁截面 3. 连接方式 4. 防护材料种类	m³	按设计图示截面乘长度(包括榫长)以体积计算	1. 构件制作、运输、安装 2. 刷防护材料、油漆
050304005	竹花架柱、梁	1. 竹种类 2. 竹胸径 3. 油漆品种、刷漆遍数	1. m 2. 根	1. 以长度计量,按设计图示花架构件尺寸以延长米计算 2. 以根计量,按设计图示花架柱、梁数量计算	1. 制作 2. 运输 3. 安装 4. 油漆

注:花架基础、玻璃天棚、表面装饰及涂料项目应按现行国家标准《房屋建筑与装饰工程工程量计算规范》GB 50854 中相关项目编码列项。

五、园林桌椅

园林桌椅工程量清单项目设置、项目特征描述的内容、计量单位、工程量计算规则应按表 6-10 的规定执行。

表 6-10　园林桌椅(编码:050305)

项目编码	项目名称	项目特征	计量单位	工程量计算规则	工作内容
050305001	预制钢筋混凝土飞来椅	1. 座凳面厚度、宽度 2. 靠背扶手截面 3. 靠背截面 4. 座凳楣子形状、尺寸 5. 混凝土强度等级 6. 砂浆配合比	m	按设计图示尺寸以座凳面中心线长度计算	1. 模板制作、运输、安装、拆除、保养 2. 混凝土制作、运输、浇筑、振捣、养护 3. 构件运输、安装 4. 砂浆制作、运输、抹面、养护 5. 接头灌缝、养护
050305002	水磨石飞来椅	1. 座凳面厚度、宽度 2. 靠背扶手截面 3. 靠背截面 4. 座凳楣子形状、尺寸 5. 砂浆配合比			1. 砂浆制作、运输 2. 制作 3. 运输 4. 安装
050305003	竹制飞来椅	1. 竹材种类 2. 座凳面厚度、宽度 3. 靠背扶手截面 4. 靠背截面 5. 座凳楣子形状 6. 铁件尺寸、厚度 7. 防护材料种类			1. 座凳面、靠背扶手、靠背、楣子制作、安装 2. 铁件安装 3. 刷防护材料

续表 6-10

项目编码	项目名称	项目特征	计量单位	工程量计算规则	工作内容
050305004	现浇混凝土桌凳	1. 桌凳形状 2. 基础尺寸、埋设深度 3. 桌面尺寸、支墩高度 4. 凳面尺寸、支墩高度 5. 混凝土强度等级、砂浆配合比	个	按设计图示数量计算	1. 模板制作、运输、安装、拆除、保养 2. 混凝土制作、运输、浇筑、振捣、养护 3. 砂浆制作、运输
050305005	预制混凝土桌凳	1. 桌凳形状 2. 基础形状、尺寸、埋设深度 3. 桌面形状、尺寸、支墩高度 4. 凳面尺寸、支墩高度 5. 混凝土强度等级 6. 砂浆配合比			1. 模板制作、运输、安装、拆除、保养 2. 混凝土制作、运输、浇筑、振捣、养护 3. 构件运输、安装 4. 砂浆制作、运输 5. 接头灌缝、养护
050305006	石桌石凳	1. 石材种类 2. 基础形状、尺寸、埋设深度 3. 桌面形状、尺寸、支墩高度 4. 凳面尺寸、支墩高度 5. 混凝土强度等级 6. 砂浆配合比			1. 土方挖运 2. 桌凳制作 3. 桌凳运输 4. 桌凳安装 5. 砂浆制作、运输
050305007	水磨石桌凳	1. 基础形状、尺寸、埋设深度 2. 桌面形状、尺寸、支墩高度 3. 凳面尺寸、支墩高度 4. 混凝土强度等级 5. 砂浆配合比	个	按设计图示数量计算	1. 桌凳制作 2. 桌凳运输 3. 桌凳安装 4. 砂浆制作、运输
050305008	塑树根桌凳	1. 桌凳直径 2. 桌凳高度 3. 砖石种类 4. 砂浆强度等级、配合比 5. 颜料品种、颜色			1. 砂浆制作、运输 2. 砖石砌筑 3. 塑树皮 4. 绘制木纹
050305009	塑树节椅				
050305010	塑料、铁艺、金属椅	1. 木座板面截面 2. 座椅规格、颜色 3. 混凝土强度等级 4. 防护材料种类			1. 制作 2. 安装 3. 刷防护材料

注：木制飞来椅按现行国家标准《仿古建筑工程工程量计算规范》GB 50855 相关项目编码列项。

六、喷泉

喷泉安装工程量清单项目设置、项目特征描述的内容、计量单位、工程量计算规则应按表 6-11 的规定执行。

表 6-11　喷泉安装（编码：050306）

项目编码	项目名称	项目特征	计量单位	工程量计算规则	工作内容
050306001	喷泉管道	1. 管材、管件、阀门、喷头品种 2. 管道固定方式 3. 防护材料种类	m	按设计图示管道中心线长度以延长米计算，不扣除检查（阀门）井、阀门、管件及附件所占的长度	1. 土（石）方挖运 2. 管材、管件、阀门、喷头安装 3. 刷防护材料 4. 回填
050306002	喷泉电缆	1. 保护管品种、规格 2. 电缆品种、规格		按设计图示单根电缆长度以延长米计算	1. 土（石）方挖运 2. 电缆保护管安装 3. 电缆敷设 4. 回填
050306003	水下艺术装饰灯具	1. 灯具品种、规格 2. 灯光颜色	套	按设计图示数量计算	1. 灯具安装 2. 支架制作、运输、安装
050306004	电气控制柜	1. 规格、型号 2. 安装方式	台		1. 电气控制柜（箱）安装 2. 系统调试
050306005	喷泉设备	1. 设备品种 2. 设备规格、型号 3. 防护网品种、规格			1. 设备安装 2. 系统调试 3. 防护网安装

注：①喷泉水池应按现行国家标准《房屋建筑与装饰工程工程量计算规范》GB 50854 中相关项目编码列项。
　　②管架项目应按现行国家标准《房屋建筑与装饰工程工程量计算规范》GB 50854 中钢支架项目单独编码列项。

七、杂项

杂项工程量清单项目设置、项目特征描述的内容、计量单位、工程量计算规则应按表 6-12 的规定执行。

表 6-12　杂项（编码：050307）

项目编码	项目名称	项目特征	计量单位	工程量计算规则	工作内容
050307001	石灯	1. 石料种类 2. 石灯最大截面 3. 石灯高度 4. 砂浆配合比	个	按设计图示数量计算	1. 制作 2. 安装
050307002	石球	1. 石料种类 2. 球体直径 3. 砂浆配合比			
050307003	塑仿石音箱	1. 音箱石内空尺寸 2. 铁丝型号 3. 砂浆配合比 4. 水泥漆颜色			1. 胎模制作、安装 2. 铁丝网制作、安装 3. 砂浆制作、运输 4. 喷水泥漆 5. 埋置仿石音箱

续表 6-12

项目编码	项目名称	项目特征	计量单位	工程量计算规则	工作内容
050307004	塑树皮梁、柱	1. 塑树种类 2. 塑竹种类 3. 砂浆配合比 4. 喷字规格、颜色 5. 油漆品种、颜色	1. m² 2. m	1. 以平方米计量,按设计图示尺寸以梁柱外表面积计算 2. 以米计量,按设计图示尺寸以构件长度计算	1. 灰塑 2. 刷涂颜料
050307005	塑竹梁、柱				
050307006	铁艺栏杆	1. 铁艺栏杆高度 2. 铁艺栏杆单位长度重量 3. 防护材料种类	m	按设计图示尺寸以长度计算	1. 铁艺栏杆安装 2. 刷防护材料
050307007	塑料栏杆	1. 栏杆高度 2. 塑料种类			1. 下料 2. 安装 3. 校正
050307008	钢筋混凝土艺术围栏	1. 围栏高度 2. 混凝土强度等级 3. 表面涂敷材料种类	1. m² 2. m	1. 以平方米计量,按设计图示尺寸以面积计算 2. 以米计量,按设计图示尺寸以延长米计算	1. 制作 2. 运输 3. 安装 4. 砂浆制作、运输 5. 接头灌缝、养护
050307009	标志牌	1. 材料种类、规格 2. 镌字规格、种类 3. 喷字规格、颜色 4. 油漆品种、颜色	个	按设计图示数量计算	1. 选料 2. 标志牌制作 3. 雕凿 4. 镌字、喷字 5. 运输、安装 6. 刷油漆
050307010	景墙	1. 土质类别 2. 垫层材料种类 3. 基础材料种类、规格 4. 墙体材料种类、规格 5. 墙体厚度 6. 混凝土、砂浆强度等级、配合比 7. 饰面材料种类	1. m³ 2. 段	1. 以立方米计量,按设计图示尺寸以体积计算 2. 以段计量,按设计图示尺寸以数量计算	1. 土(石)方挖运 2. 垫层、基础铺设 3. 墙体砌筑 4. 面层铺贴

续表 6-12

项目编码	项目名称	项目特征	计量单位	工程量计算规则	工作内容
050307011	景窗	1. 景窗材料品种、规格 2. 混凝土强度等级 3. 砂浆强度等级、配合比 4. 涂刷材料品种	m²	按设计图示尺寸以面积计算	1. 制作 2. 运输 3. 砌筑安放 4. 勾缝 5. 表面涂刷
050307012	花饰	1. 花饰材料品种、规格 2. 砂浆配合比 3. 涂刷材料品种			
050307013	博古架	1. 博古架材料品种、规格 2. 混凝土强度等级 3. 砂浆配合比 4. 涂刷材料品种	1. m² 2. m 3. 个	1. 以平方米计量,按设计图示尺寸以面积计算 2. 以米计量,按设计图示尺寸以延长米计算 3. 以个计量,按设计图示数量计算	1. 制作 2. 运输 3. 砌筑安放 4. 勾缝 5. 表面涂刷
050307014	花盆 (坛、箱)	1. 花盆(坛)的材质及类型 2. 规格尺寸 3. 混凝土强度等级 4. 砂浆配合比	个	按设计图示尺寸以数量计算	1. 制作 2. 运输 3. 安放
050307015	摆花	1. 花盆(钵)的材质及类型 2. 花卉品种与规格	1. m² 2. 个	1. 以平方米计量,按设计图示尺寸以水平投影面积计算 2. 以个计量,按设计图示数量计算	1. 搬运 2. 安放 3. 养护 4. 撤收
050307016	花池	1. 土质类别 2. 池壁材料种类、规格 3. 混凝土、砂浆强度等级、配合比 4. 饰面材料种类	1. m³ 2. m 3. 个	1. 以立方米计量,按设计图示尺寸以体积计算 2. 以米计量,按设计图示尺寸以池壁中心线处延长米计算 3. 以个计量,按设计图示数量计算	1. 垫层铺设 2. 基础砌(浇)筑 3. 墙体砌(浇)筑 4. 面层铺贴

续表 6-12

项目编码	项目名称	项目特征	计量单位	工程量计算规则	工作内容
050307017	垃圾箱	1. 垃圾箱材质 2. 规格尺寸 3. 混凝土强度等级 4. 砂浆配合比	个	按设计图示尺寸以数量计算	1. 制作 2. 运输 3. 安放
050307018	砖石砌小摆设	1. 砖种类、规格 2. 石种类、规格 3. 砂浆强度等级、配合比 4. 石表面加工要求 5. 勾缝要求	1. m³ 2. 个	1. 以立方米计量,按设计图示尺寸以体积计算 2. 以个计量,按设计图示尺寸以数量计算	1. 砂浆制作、运输 2. 砌砖、石 3. 抹面、养护 4. 勾缝 5. 石表面加工
050307019	其他景观小摆设	1. 名称及材质 2. 规格尺寸	个	按设计图示尺寸以数量计算	1. 制作 2. 运输 3. 安装
050307020	柔性水池	1. 水池深度 2. 防水(漏)材料品种	m²	按设计图示尺寸以水平投影面积计算	1. 清理基层 2. 材料裁接 3. 铺设

注:砌筑果皮箱,应按砖石砌小摆设项目编码列项。

八、相关问题及说明

①混凝土构件中的钢筋项目应按现行国家标准《房屋建筑与装饰工程工程量计算规范》GB 50854 中相应项目编码列项。

②石浮雕、石镌字应按现行国家标准《仿古建筑工程工程量计算规范》GB 50855 附录 B 中相应项目编码列项。

第五节　园林景观工程清单工程量计算

一、堆塑假山

【示例】　某公园一角有一块石景山同,如图 6-2 所示。经测量得知长度方向的平均值为 2.5m,宽度方向的平均值为 2.0,则此风景石清单工程量是多少。

【解】　项目编码:050301005。

项目名称:点风景石。

假山清单工程量计算为 1 块。

二、原木构件

【示例】　一房屋所有结构全为原木构件(龙骨除外),房中共有 4 面墙,两两相同,长宽分别为 3.0m、2.5m 和 3.0m、3.0m,墙体中装有龙骨,用来

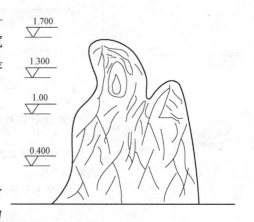

图 6-2　假石

支撑墙体,龙骨长 3.0m,宽 0.2m,厚 1mm。原木墙梢径为 15cm,树皮屋面厚 2cm,如图 6-3 所示,度求其工程量。

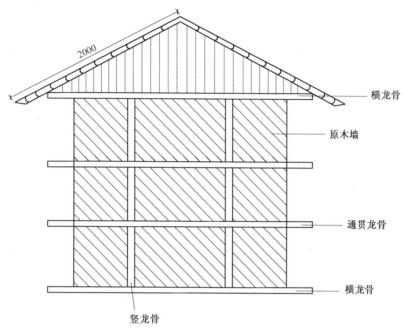

图6-3　墙体剖面图

【解】

项目编码:050302002

项目名称:原木(带树皮)墙

工程量计算规则:按设计图示尺寸以面积计算(不包括柱、梁)。

墙体面积:

$S_1 = 长×宽×2 = 3.0×2.5×2m^2 = 15m^2$

$S_2 = 长×宽×2 = 3.0×3×2m^2 = 18m^2$

说明:计算原木墙时,柱、梁的工程量不包括在内。

清单工程量计算见表6-13。

表6-13　清单工程量计算表

序号	项目编码	项目名称	项目特征描述	计量单位	工程量
1	020302002001	原木(带树皮)墙	原木梢径 15mm,龙骨长 3.0m,宽 0.2m,厚 1mm,长宽分别为 3.0m、2m	m²	10.00
2	050302002001	原木(带树皮)墙	长度分别为 3.0m、3.0m	m²	15

三、亭廊屋面

【示例】 公园有一凉亭,如图 6-4 所示,其屋面板为预制混凝土屋面板,屋面坡度为 1:40,亭屋面板为曲形,亭顶宽为 1m,亭边檐为 0.9m,找坡层最薄处为 30mm,则此凉亭混凝土屋面板工程量是多少。

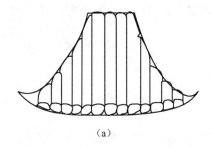

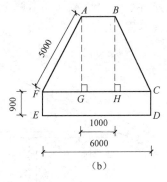

图 6-4　混凝土攒尖亭

(a)尖亭示意图　(b)正立面结构分析图

【解】依据园林绿化工程工程量计算规则,按设计图示尺寸以体积计算。混凝土屋脊、椽子、角梁、扒梁均并入屋面体积内。

(1)面积计算

梯形 $ABCF$ 为等腰梯形,$AB=1$m,$FC=6$m

所以 $AB=GH=1$m

由此可得 $FG=HC=(FC-AB)/2=(6-1)/2=2.5$m

在直角三角形 AGF 中,$AF=5$m,$FG=2.5$m

所以 $AG=\sqrt{AF^2-FG^2}=\sqrt{5^2-2.5^2}=4.33$m

梯形 $ABCF$ 的面积 $=\dfrac{1}{2}\times$(上底+下底)$\times$高

$$=\frac{1}{2}\times(1+6)\times4.33$$

$$=15.16\text{m}^2$$

矩形 $FCDE$ 的面积 $=FC\times FE=6\times0.9=5.4$m²

图形 $ABDE$ 的面积 $=S_{ABCF}+S_{FCDE}=15.16+5.4=20.56$m²

(2)亭面板的平均厚度

$$x=\frac{i\dfrac{L}{2}}{100}=\frac{2.5\times3}{100}=0.075$$

$$\delta=(0.03+\frac{1}{2}x)=(0.03+\frac{2.5\times3}{100}\times\frac{1}{2})=0.0675\text{m}$$

(3)亭面板的工程量

$V=SK\delta=20.56\times2.5\times0.0675=3.47$m³

工程量清单计算见表 6-14。

表 6-14　工程量清单计算表

项目编码	项目名称	项目特征描述	计量单位	工程量
050303005	预制混凝土亭顶面板	屋面坡度为 1:40,亭边檐宽为 6m,如图 3-7 所示	m³	3.37

四、花架

【示例】 有一座用碳素结构钢所建的拱形花架,长度为 6.3m,如图 6-5 所示。所用钢材截面均为 60mm×100mm,已知钢材为空心钢 0.06t/m³,花架采用 60m 厚的混凝土作基础,试求其工程量。

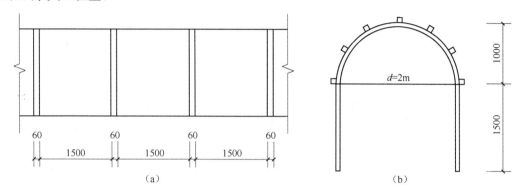

图 6-5 花架构造示意图
(a)平面图 (b)立面图

【解】

项目编码:050304003

项目名称:金属花架柱、梁

工程量计算规则:按设计图示以质量计算

(1)花架所用碳素结构钢柱子的体积

V=(两侧矩形钢材体积+半圆形拱顶钢材体积)×根数设有根数为 x,则根据已知条件有如下关系式:

$$0.06x+1.5(x-1)=6.3$$

则柱子体积:$\left\{0.06×0.1×1.5×2+\left[3.14×\left(\dfrac{2}{2}\right)^2-3.14×\left(\dfrac{2-0.1×2}{2}\right)^2\right]\right\}×5\text{m}^3$

$$=(0.018+0.5966)×5\text{m}^3=3.07\text{m}^3$$

则花架金属柱的工程量:柱子体积×0.06=3.07×0.06=0.184m³

(2)花架所用碳素结构钢梁的体积

V=钢梁的截面面积×梁的长度×根数=0.06×0.1×6.3×7m³=0.26m³

则花架金属梁的工程量:梁的体积×0.06=0.2646×0.006t=0.016t

清单工程量计算见表 6-15。

表 6-15 清单工程量计算表

序号	项目编码	项目名称	项目特征描述	计量单位	工程量
1	050304003001	金属花架柱	碳素结构钢空心钢,截面尺寸为 60mm×100mm	t	0.184
2	0580304003002	金属花架梁	碳素结构钢空心钢,截面尺寸为 60mm×100mm	t	0.016

五、园林桌椅

【示例】 公园设置塑树节椅,椅子采用砖口砌筑,用水泥砂浆找平,再用水泥砂浆粉饰成树皮节外形;结构如图 6-6 所示,则此塑树节椅的清单工程量是多少。

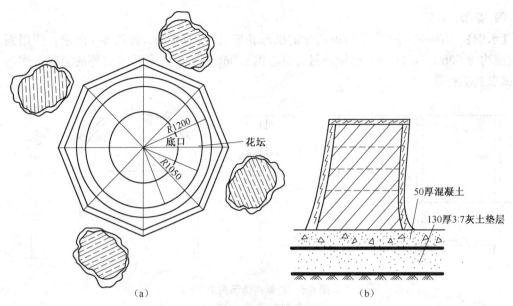

（a）　　　　　　　　　　　　　　（b）

图 6-6　塑松树皮节椅

【解】　依据园林景观工程清单工程量得知,塑树节椅工程量:4 个

六、喷泉

【示例】　有一正方形喷泉水池,喷泉管道每根长 3m,共 5 根,水池长 2.5m,宽 2.5m,高 1m,露出地面 0.3m,水池为现浇混凝土水池,混凝土池底厚 25cm,池壁厚 26cm,池壁表面贴有花岗岩,水泥砂浆找平。池底先铺二毡三油沥青卷材防水层,再抹防水砂浆,池下为 100mm 厚素混凝土,70mm 厚砂卵石垫层,素土夯实,试求其清单工程量(图 6-7)。

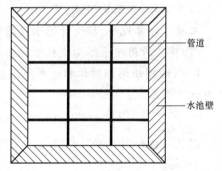

图 6-7　方形喷泉水池平面图

【解】　清单工程量:

项目编码:050306001

项目名称:喷泉管道

工程量计算规则:按设计图示尺寸以长度计算。

管道长度:$L = 3 \times 5 = 15$m

清单工程量计算见表 6-16。

表 6-16　清单工程量计算表

项目编码	项目名称	项目特征描述	计量单位	工程量
050306001	喷泉管道	喷泉管道每根长 3m,共 8 根	m	15

第六节　园林景观工程定额计价实例

详见表 6-17"某园林景观工程预算表"和表 6-18"某园林景观工程取费表"。

表 6-17　某园林景观工程预算表

序号	定额编号	项目名称	单位	工程量	基价(元)	合计(元)	备注
第一章：水系							
01	E2-22	人工挖土方	m³	45	18.00	810.00	
02	E2-83	池底夯实	m²	74	0.46	34.04	
03	E2-71	人力车运土	m³	45	9.00	405.00	
04	E2-80	填土夯实	m³	28	10.37	290.36	
05	E6-3	碎石灌浆,10cm 厚	m³	8.7	102.42	891.05	
06	E10-207	C20 混凝土水池底,15cm 厚	m³	11.3	218.91	2473.68	
07	E5-148	Φ6 圆钢筋	T	1.22	3642.10	4443.36	
08	E10-213	M5 水泥砂浆砌池壁	m³	12	172.62	2071.44	
09	E6-11	池底防水砂浆粉面(平面)	m²	56	8.99	503.44	
10	E6-12	池底防水砂浆粉面(立面)	m²	73.2	10.99	804.47	
11	1-519	池面贴雨花石	m²	74	128.6	9516.40	
12	1-621	池壁贴千层石	m²	62	113.27	7022.74	
小计：						29265.98	
第二章：廊架							
13	E2-22	人工挖柱基坑	m³	5.4	18	97.20	
14	E6-9	C15 混凝土基座	m³	0.61	205.19	125.17	
15	E5-3	C120 混凝土柱	m³	4.2	426.72	1792.22	
16	E5-156	C20 混凝土柱模板	m²	12.3	21.93	269.74	
17	E2-80	填土夯实	m³	4.86	10.37	50.40	
18	E5-151	预埋铁件(柱)	kg	18	47.49	854.82	
19	E7-10	枋立柱,16×16cm	m³	0.89	3750.00	3337.50	
20	E7-33	木梁	m³	0.42	3750.00	1575.00	
21	E7-41	木格条	m³	0.92	3750.00	3450.00	
22	E7-314	木座椅(平盘)		0.66	482.63	318.54	
23	E5-151	连接铁件	kg	65	4.75	308.75	
24	E9-23	热桐油(清油)二遍	m²	47	6.30	296.10	
25	市价	φ10 螺栓 C=200	个	24	3.80	91.20	
26	市价	M12 镀锌螺栓 60	个	36	1.50	54.00	
小计：						12620.64	
第三章：水榭、平台							
27	E10-1	清挖土方	m³	8.6	16.50	141.90	
28	E2-83	素土夯实	m²	32	0.46	14.72	
29	E6-3	碎石灌浆,10cm 厚	m³	5.1	102.42	522.34	
30	E6-9	C10 混凝土垫层 15cm 厚	m³	6.4	203.19	1300.42	
31	E6-87	一毡两油	m²	35	13.48	471.80	

续表 6-17

序号	定额编号	项目名称	单位	工程量	基价(元)	合计(元)	备注
32	B1—138	实木铺装	m²	35	122.40	4284.00	
33	E7—33	木龙骨,木横撑	m³	3.2	2578.63	8251.62	
34	市价	油漆	m²	35	12.60	441.00	
		小计:				15427.80	
第四章:园路铺装							
35	E2—4	路床清挖	m³	17.1	16.50	282.15	
36	E2—83	素土夯实	m²	32.4	0.46	14.90	
37	B1—11	碎石灌浆,10cm厚	m³	6.82	98.64	672.72	
38	B6—9	C10混凝土垫层15cm厚	m³	10.23	205.19	2099.09	
39	E10—28	花岗岩铺装	m²	12.2	101.11	1233.54	
40	E10—33	彩色卵石满铺	m²	14	96.89	1356.46	
41	E10—37	碎拼花岗岩	m²	8.6	67.42	579.81	
42	E10—29	厚50cm石汀步	m²	12	135.7	1628.40	
		小计:				7867.07	
第五章:其他							
43	市价	亭(包干价)	项	1	9800.00	9800.00	
44	市价	园林小品	项	1	3200.00	3200.00	
		小计:				13000.00	
		合计:				78181.49	
第六章:栽植银杏 D 8cm							
45	市价	银杏 D 8cm	株	2	880.00	1760.00	
46	E1—12	整理绿地	10m²	2	1.50	3.00	
47	E1—75	起挖(带土球)乔木	株	2	24.88	49.76	
48	E1—143	栽植带土球乔木直径在70cm	株	2	24.01	48.02	
49	E1—265	草绳绕树干胸径在(10cm以内)	m	2	2.22	4.44	
50	E1—276	树木支撑毛竹桩 三角桩（短）	株	2	12.29	24.58	
51	E1—288	落叶树修剪 树高(5m以内)	株	2	27.50	55.00	
52	E1—340	落叶乔木一级养护 胸径10cm	100株	2	26.49	52.98	
53	E1—25	人工换土土球直径在70cm以内	株	2	6.30	12.60	
						2010.38	
第七章 栽植银杏 D 6cm							
54	市价	银杏 D 6cm	株	5	400.00	2000.00	
55	E1—12	整理绿地	10m²	5	1.50	7.50	
56	E1—75	起挖(带土球)乔木	株	5	24.88	124.40	
57	E1—142	栽植带土球乔木直径在60cm	株	5	10.41	52.05	
58	E1—265	草绳绕树干胸径在(10cm以内)	m	5	2.22	11.10	

续表 6-17

序号	定额编号	项目名称	单位	工程量	基价(元)	合计(元)	备注
59	E1-276	树木支撑毛竹桩 三角桩（短）	株	5	12.29	61.45	
60	E1-287	落叶树修剪 树高(4m 以内)	株	5	11.50	57.50	
61	E1-340	落叶乔木一级养护 胸径 6 cm	100 株	5	17.38	86.90	
62	E1-24	人工换土土球直径在 60cm 以内	株	5	4.20	21.00	
						2421.90	
第八章　栽植香樟 D 8cm							
63	市价	香樟 D 8cm	株	2	220.00	440.00	
64	E1-12	整理绿地	10m²	2	1.50	3.00	
65	E1-75	起挖(带土球)乔木	株	2	24.88	49.76	
66	E1-143	栽植带土球乔木直径在 70 cm	株	2	24.01	48.02	
67	E1-265	草绳绕树干胸径在(10cm 以内)	m	2	2.22	4.44	
68	E1-276	树木支撑毛竹桩 三角桩（短）	株	2	12.29	24.58	
69	E1-284	常绿树修剪、摘叶 树高 4m	株	2	19.00	38.00	
70	E1-334	常绿乔木一级养护 胸径 10cm	100 株	2	23.95	47.90	
71	E1-25	人工换土土球直径在 70cm 以内	株	2	6.30	12.60	
						668.30	
第九章　栽植栾树 D8cm							
72	市价	栾树 D8cm	株	5	260.00	1300.00	
73	E1-12	整理绿地	10m²	5	1.50	7.50	
74	E1-75	起挖(带土球)乔木	株	5	24.88	124.40	
75	E1-143	栽植带土球乔木直径在 70 cm	株	5	24.01	120.05	
76	E1-265	草绳绕树干胸径在(10cm 以内)	m	5	2.22	11.10	
77	E1-276	树木支撑毛竹桩 三角桩（短）	株	5	12.29	61.45	
78	E1-288	落叶树修剪 树高(5m 以内)	株	5	27.50	137.50	
79	E1-340	落叶乔木一级养护 胸径 10 cm	100 株	5	26.49	132.45	
80	E1-25	人工换土土球直径在 70cm 以内	株	5	6.30	31.50	
						1925.95	
第九章　栽植合欢 D6cm							
81	市价	合欢 D6cm	株	8	220.00	1760.00	
82	E1-12	整理绿地	10m²	8	1.50	12.00	
83	E1-75	起挖(带土球)乔木	株	8	24.88	199.04	
84	E1-142	栽植带土球乔木直径在 60cm	株	8	10.41	83.28	
85	E1-265	草绳绕树干胸径在(10cm 以内)	m	8	2.22	17.76	
86	E1-276	树木支撑毛竹桩 三角桩（短）	株	8	12.29	98.32	
87	E1-287	落叶树修剪 树高(4m 以内)	株	8	11.50	92.00	
88	E1-340	落叶乔木一级养护 胸径 10 cm	100 株	8	23.95	191.60	

续表 6-17

序号	定额编号	项目名称	单位	工程量	基价(元)	合计(元)	备注
89	E1－24	人工换土土球直径在 60cm 以内	株	8	6.30	50.40	
						2504.40	

第十章　栽植樱花 D6cm

序号	定额编号	项目名称	单位	工程量	基价(元)	合计(元)	备注
90	市价	樱花 D6cm	株	2	280.00	560.00	
91	E1－12	整理绿地	10m²	2	1.50	3.00	
92	E1－75	起挖(带土球)乔木	株	2	24.88	49.76	
93	E1－142	栽植带土球乔木直径在 60 cm	株	2	10.41	20.82	
94	E1－265	草绳绕树干胸径在(10cm 以内)	m	2	2.22	4.44	
95	E1－276	树木支撑毛竹桩 三角桩（短）	株	2	12.29	24.58	
96	E1－287	落叶树修剪 树高(4m 以内)	株	2	11.50	23.00	
97	E1－340	落叶乔木一级养护 胸径 10 cm	100 株	2	23.95	47.90	
98	E1－24	人工换土土球直径在 60cm 以内	株	2	6.30	12.60	
						746.10	

第十章　栽植红枫 D3cm H120～150 cm

序号	定额编号	项目名称	单位	工程量	基价(元)	合计(元)	备注
99	市价	红枫 D3cm H120－150 cm	株	3	160.00	480.00	
100	E1－12	整理绿地	10m²	3	1.50	4.50	
101	E1－72	起挖(带土球)乔木	株	3	4.37	13.11	
102	E1－140	栽植带土球乔木直径在 20 cm	株	3	4.01	12.03	
103	E1－286	落叶树修剪 树高3m 以内	株	3	6.00	18.00	
104	E1－333	常绿乔木一级养护 胸径 5 cm	100 株	3	15.62	46.86	
105	E1－20	人工换土土球直径在 20 cm	株	3	0.60	1.80	
						576.30	

第十一章　栽植紫薇 H120～160cm(丛生)

序号	定额编号	项目名称	单位	工程量	基价(元)	合计(元)	备注
106	市价	紫薇 H120－160cm	株	8	80.00	640.00	
107	E1－12	整理绿地	10m²	8	1.50	12.00	
108	E1－101	起挖带土球灌木 直径在 40cm	株	8	4.67	37.36	
109	E1－169	栽植带土球灌木直径在 40cm	株	8	4.31	34.48	
110	E1－286	落叶树修剪 树高3m 以内	株	8	6.00	48.00	
111	E1－367	常绿灌木一级养护高度 150 cm	100 株	8	9.44	75.52	
112	E1－50	人工换土裸根灌木高在150cm	株	8	1.20	9.60	
						856.96	

第十二章　栽植茶花 H80cm

序号	定额编号	项目名称	单位	工程量	基价(元)	合计(元)	备注
113	市价	茶花 H80cm	株	9	70.00	630.00	
114	E1－12	整理绿地	10m²	9	1.50	13.50	
115	E1－100	起挖带土球灌木 直径在 30 cm	株	9	2.61	23.49	
116	E1－168	栽植带土球灌木直径在 30 cm	株	9	2.75	24.75	

续表 6-17

序号	定额编号	项目名称	单位	工程量	基价(元)	合计(元)	备注
117	E1－366	常绿灌木一级养护高度 100 cm	100 株	9	6.59	59.31	
118	E1－49	人工换土裸根灌木高在 100 cm	株	9	0.60	5.40	
						756.45	

第十三章　栽植海桐 P50～60cm

序号	定额编号	项目名称	单位	工程量	基价(元)	合计(元)	备注
119	市价	海桐 P50－60cm	株	3	145.00	435.00	
120	E1－12	整理绿地	10m²	3	1.50	4.50	
121	E1－100	起挖带土球灌木 直径在 30cm	株	3	2.61	7.83	
122	E1－168	栽植带土球灌木直径在 30cm	株	3	2.75	8.25	
123	E1－366	常绿灌木一级养护高度 100cm	100 株	3	6.59	19.77	
124	E1－49	人工换土裸根灌木高在 80cm	株	3	0.60	1.80	
						477.15	

第十四章　栽植月季 P20～30cm

序号	定额编号	项目名称	单位	工程量	基价(元)	合计(元)	备注
125	市价	月季 P20－30cm	株	70	5.00	350.00	
126	E1－12	整理绿地	10m²	70	1.50	105.00	
127	E1－109	起挖裸根灌木高在 50cm 以内	株	70	0.30	21.00	
128	E1－177	栽植裸根灌木高在 50cm 以内	株	70	0.63	44.10	
129	E1－407	露地花坛一级养护 木本	100 株	70	5.87	410.90	
130	E1－49	人工换土裸根灌木高在 100cm	株	70	0.60	42.00	
						973.00	

第十五章　栽植丛竹 H300cm

序号	定额编号	项目名称	单位	工程量	基价(元)	合计(元)	备注
131	市价	丛竹 H300cm	株	40	25.00	1000.00	
132	E1－12	整理绿地	10m²	40	1.50	60.00	
133	E1－121	起挖竹类根丛径在 50cm 以内	丛	40	7.71	308.40	
134	E1－189	栽植竹类根 丛径在 50cm 以内	丛	40	3.68	147.20	
135	E1－394	竹类一级养护高 300cm 以内	m²	40	4.82	192.80	
						1708.40	

第十六章　栽植地被植物

序号	定额编号	项目名称	单位	工程量	基价(元)	合计(元)	备注
136	市价	地被植物	m²	272	25.00	6820.00	
137	E1－12	整理绿地	m²	272	7.00	1904.00	
138	E1－135	起挖花坛等地被植物(花灌木)	10m²	272	1.25	340.00	25 株/m²
139	E1－418	地被植物一级养护 双排	10m²	272	2.88	783.36	
						9847.36	

第十七章　播草种

序号	定额编号	项目名称	单位	工程量	基价(元)	合计(元)	备注
140	市价	狗芽根	kg	7.2	128.00	921.60	
141	市价	高羊茅	kg	9.8	96.00	940.80	

续表 6-17

序号	定额编号	项目名称	单位	工程量	基价(元)	合计(元)	备注
142	E1—235	铺设草坪基质 砂:土:泥炭 ＝5:4:1 厚20cm	10m²	120	22.27	2672.40	
143	E1—248	坡度 1:1 以上坡长(m) 12 外	100m²	72	2.19	157.68	
144	E1—250	草坪人工 施肥	100m²	72	0.76	54.72	
145	E1—420	暖地型草坪一级养护 播种	100m²	72	5.41	389.52	
146	E1—424	冷地型草坪一级养护 播种	100m²	72	8.51	612.72	
						5749.44	
		小计：				31222.09	
		一、园建部分：78181.49　　　二、园林绿化部分：31222.09					
		直接费				109403.58	

表 6-18　某园林景观工程取费表

序号	项目名称	表达式	计价(元)	备注
A	定额直接费		109403.58	
B	施工组织措施费	A×1.8%	1969.26	
C	综合费	(A+B)×28%	31184.40	
D	税费	(A+B+C)×3.6914%	52623.58	
E	含税总造价	(A+B+C+D)	195180.83	

第七章 园林工程量清单措施项目及招投标

第一节 园林工程量清单措施项目

一、脚手架工程

脚手架工程工程量清单项目设置、项目特征描述的内容、计量单位、工程量计算规则应按表 7-1 的规定执行。

表 7-1 脚手架工程(编码:050401)

项目编码	项目名称	项目特征	计量单位	工程量计算规则	工作内容
050401001	砌筑脚手架	1. 搭设方式 2. 墙体高度	m²	按墙的长度乘墙的高度以面积计算(硬山建筑山墙高算至山尖)。独立砖石柱高度在 3.6m 以内时,以柱结构周长乘以柱高计算,独立砖石柱高度在 3.6m 以上时,以柱结构周长加 3.6m 乘以柱高计算 凡砌筑高度在 1.5m 及以上的砌体,应计算脚手架	1. 场内、场外材料搬运 2. 搭、拆脚手架、斜道、上料平台 3. 铺设安全网 4. 拆除脚手架后材料分类堆放
050401002	抹灰脚手架	1. 搭设方式 2. 墙体高度		按抹灰墙面的长度乘高度以面积计算(硬山建筑山墙高算至山尖)。独立砖石柱高度在 3.6m 以内时,以柱结构周长乘以柱高计算,独立砖石柱高度在 3.6m 以上时,以柱结构周长加 3.6m 乘以柱高计算	
050401003	亭脚手架	1. 搭设方式 2. 檐口高度	1. 座 2. m²	1. 以座计量,按设计图示数量计算 2. 以平方米计量,按建筑面积计算	
050401004	满堂脚手架	1. 搭设方式 2. 施工面高度	m²	按搭设的地面主墙间尺寸以面积计算	
050401005	堆砌(塑)假山脚手架	1. 搭设方式 2. 假山高度		按外围水平投影最大矩形面积计算	
050401006	桥身脚手架	1. 搭设方式 2. 桥身高度		按桥基础底面至桥面平均高度乘以河道两侧宽度以面积计算	
050401007	斜道	斜道高度	座	按搭设数量计算	

二、模板工程

模板工程工程量清单项目设置、项目特征描述的内容、计量单位、工程量计算规则应按表 7-2 的规定执行。

表 7-2 模板工程(编码:050402)

项目编码	项目名称	项目特征	计量单位	工程量计算规则	工作内容
050402001	现浇混凝土垫层	厚度	m²	按混凝土与模板的接触面积计算	1. 制作 2. 安装 3. 拆除 4. 清理 5. 刷隔离剂 6. 材料运输
050402002	现浇混凝土路面				
050402003	现浇混凝土路牙、树池围牙	高度			
050402004	现浇混凝土花架柱	断面尺寸			
050402005	现浇混凝土花架梁	1. 断面尺寸 2. 梁底高度			
050402006	现浇混凝土花池	池壁断面尺寸			
050402007	现浇混凝土桌凳	1. 桌凳形状 2. 基础尺寸、埋设深度 3. 桌面尺寸、支墩高度 4. 凳面尺寸、支墩高度	1. m³ 2. 个	1. 以立方米计量,按设计图示混凝土体积计算 2. 以个计量,按设计图示数量计算	
050402008	石桥拱券石、石券脸胎架	1. 胎架面高度 2. 矢高、弦长	m²	按拱券石、石券脸弧形底面展开尺寸以面积计算	

三、树木支撑架、草绳绕树干、搭设遮阴(防寒)棚工程

树木支撑架、草绳绕树干、搭设遮阴(防寒)棚工程工程量清单项目设置、项目特征描述的内容、计量单位、工程量计算规则应按表 7-3 的规定执行。

表 7-3 树木支撑架、草绳绕树干、搭设遮阴(防寒)棚工程(编码:050403)

项目编码	项目名称	项目特征	计量单位	工程量计算规则	工作内容
050403001	树木支撑架	1. 支撑类型、材质 2. 支撑材料规格 3. 单株支撑材料数量	株	按设计图示数量计算	1. 制作 2. 运输 3. 安装 4. 维护
0504 03002	草绳绕树干	1. 胸径(干径) 2. 草绳所绕树干高度			1. 搬运 2. 绕杆 3. 余料清理 4. 养护期后清除

续表 7-3

项目编码	项目名称	项目特征	计量单位	工程量计算规则	工作内容
050403003	搭设遮阴(防寒)棚	1. 搭设高度 2. 搭设材料种类、规格	1. m² 2. 株	1. 以平方米计量,按遮阴(防寒)棚外围覆盖层的展开尺寸以面积计算 2. 以株计量,按设计图示数量计算	1. 制作 2. 运输 3. 搭设、维护 4. 养护期后清除

四、围堰、排水工程

围堰、排水工程工程量清单项目设置、项目特征描述的内容、计量单位、工程量计算规则应按表 7-4 的规定执行。

表 7-4　围堰、排水工程(编码:050404)

项目编码	项目名称	项目特征	计量单位	工程量计算规则	工作内容
050404001	围堰	1. 围堰断面尺寸 2. 围堰长度 3. 围堰材料及灌装袋材料品种、规格	1. m³ 2. m	1. 以立方米计量,按围堰断面面积乘以堤顶中心线长度以体积计算 2. 以米计量,按围堰堤顶中心线长度以延长米计算	1. 取土、装土 2. 堆筑围堰 3. 拆除、清理围堰 4. 材料运输
050404002	排水	1. 种类及管径 2. 数量 3. 排水长度	1. m³ 2. 天 3. 台班	1. 以立方米计量,按需要排水量以体积计算,围堰排水按堰内水面面积乘以平均水深计算 2. 以天计量,按需要排水日历天计算 3. 以台班计量,按水泵排水工作台班计算	1. 安装 2. 使用、维护 3. 拆除水泵 4. 清理

五、安全文明施工及其他措施项目

安全文明施工及其他措施项目工程量清单项目设置、计量单位、工作内容及包含范围应按表 7-5 的规定执行。

表 7-5　安全文明施工及其他措施项目(编码:050405)

项目编码	项目名称	工作内容及包含范围
050405001	安全文明施工	1. 环境保护:现场施工机械设备降低噪声、防扰民措施;水泥、种植土和其他易飞扬细颗粒建筑材料密闭存放或采取覆盖措施等;工程防扬尘洒水;土石方、杂草、种植遗弃物及建渣外运车辆防护措施等;现场污染源的控制、生活垃圾清理外运、场地排水排污措施;其他环境保护措施 2. 文明施工:"五牌一图";现场围挡的墙面美化(包括内外粉刷、刷白、标语等)、压顶装饰;现场厕所便槽刷白、贴面砖,水泥砂浆地面或地砖,建筑物内临时便溺设施;其他施工现场临时设施的装饰装修、美化措施;现场生活卫生设施;符合卫生要求的饮水设备、淋浴、消毒等设施;生活用洁净燃料;防煤气中毒、防蚊虫叮咬等措施;施工现场操作场地的硬化;现场绿化、治安综合治理;现场配备医药保健器材、物品和急救人员培训;用于现场工人的防暑降温、电风扇、空调等设备及用电;其他文明施工措施 3. 安全施工:安全资料、特殊作业专项方案的编制,安全施工标志的购置及安全宣传;"三宝"(安全帽、安全带、安全网)、"四口"(楼梯口、管井口、通道口、预留洞口)、"五临边"(园桥围边、驳岸围边、跌水围边、槽坑围边、卸料平台两侧),水平防护架、垂直防护架、外架封闭等防护;施工安全用电,包括配电箱三级配电、两级保护装置要求、外电防护措施;起重设备(含起重机、井架、门架)的安全防护措施(含警示标志)及卸料平台的临边防护、层间安全门、防护棚等设施;园林工地起重机械的检验检测;施工机具防护棚及其围栏的安全保护设施;施工安全防护通道;工人的安全防护用品、用具购置;消防设施与消防器材的配置;电气保护、安全照明设施;其他安全防护措施 4. 临时设施:施工现场采用彩色、定型钢板,砖、混凝土砌块等围挡的安砌、维修、拆除;施工现场临时建筑物、构筑物的搭设、维修、拆除,如临时宿舍、办公室、食堂、厨房、厕所、诊疗所、临时文化福利用房、临时仓库、加工场、搅拌台、临时简易水塔、水池等;施工现场临时设施的搭设、维修、拆除,如临时供水管道、临时供电管线、小型临时设施等;施工现场规定范围内临时简易道路铺设,临时排水沟、排水设施安砌、维修、拆除;其他临时设施搭设、维修、拆除
050405002	夜间施工	1. 夜间固定照明灯具和临时可移动照明灯的设置、拆除 2. 夜间施工时施工现场交通标志、安全标牌、警示灯等的设置、移动、拆除 3. 夜间照明设备及照明用电、施工人员夜班补助、夜间施工劳动效率降低等
050405003	非夜间施工照明	为保证工程施工正常进行,在如假山石洞等特殊施工部位施工时所采用的照明设备的安拆、维护及照明用电等
050405004	二次搬运	由于施工场地条件限制而发生的材料、植物、成品、半成品等一次运输不能到达堆放地点,必须进行的二次或多次搬运

续表 7-5

项目编码	项目名称	工作内容及包含范围
050405005	冬雨季施工	1. 冬雨(风)季施工时增加的临时设施(防寒保温、防雨、防风设施)的搭设、拆除 2. 冬雨(风)季施工时对植物、砌体、混凝土等采用的特殊加温、保温和养护措施 3. 冬雨(风)季施工时施工现场的防滑处理,对影响施工的雨雪的清除 4. 冬雨(风)季施工时增加的临时设施、施工人员的劳动保护用品、冬雨(风)季施工劳动效率降低等
050405006	反季节栽植影响措施	因反季节栽植在增加材料、人工、防护、养护、管理等方面采取的种植措施及保证成活率措施
050405007	地上、地下设施的临时保护设施	在工程施工过程中,对已建成的地上、地下设施和植物进行的遮盖、封闭、隔离等必要保护措施
050405008	已完工程及设备保护	对已完工程及设备采取的覆盖、包裹、封闭、隔离等必要的保护措施

注:本表所列项目应根据工程实际情况计算措施项目费用,需分摊的应合理计算摊销费用。

第二节 园林工程招标与投标简介

一、园林工程招标投标活动概述

园林工程招标投标活动是一种商品交易行为,是市场经济发展过程中的必然产物。2001 年 1 月,国家颁布了《建筑工程招标投标法》,在园林工程施工发包与承包中开始实行招投标制度。

园林工程的招标投标活动经历了定性评议阶段、接近标底评议阶段、加权平分评议阶段、低价评议阶段,由于这些阶段可能存在人为操控的可能性,已不能够适应我国园林工程建设发展的需要。

随着我国建设市场的快速发展,招标投标制度的逐步完善,以及中国加入 WTO 等对我国工程建设市场提出的新要求,改革现行按预算定额计价方法,实行工程量清单计价法是建立公开、公正、公平的工程造价计价和竞争定价的市场环境,逐步解决定额计价中与工程建设市场不相适应的因素,彻底铲除现行招标投标工作中弊端的根本途径之一。

二、工程量清单在招标投标过程中的运用

①由于工程量清单明细地反映了工程的实物消耗和有关费用,因此,这种计价模式易于结合建设工程的具体情况,变现行以预算定额为基础的静态计价模式为将各种因素考虑在单价内的动态计价模式。

②采用工程量清单招投标,要求招投标双方严格按照规范的工程量清单标准格式填写,招标人在表格中详细、准确描述应该完成的工程内容;投标人根据清单表格中描述的工程内容,结合工程情况、市场竞争情况和本企业实力,充分考虑各种风险因素,自主填报清单,列出包括工程直接成本、间接成本、利润和税金等项目在内的综合单价与汇总价,并以所报综合单价作为竣工结算调整价的招标投标方式。它明确划分了招投标双方的工作,招标人计

算量,投标人确定价,互不交叉、重复,不仅有利于业主控制造价,也有利于承包商自主报价;不仅提高了业主的投资效益,还促使承包商在施工中采用新技术、新工艺、新材料,努力降低成本、增加利润,在激烈的市场竞争中保持优势地位。

③评标过程中,评标委员会在保证质量、工期和安全等条件下,根据《招标投标法》和有关法规,按照"合理低价中标"原则,择优选择技术能力强、管理水平高、信誉可靠的承包商承建工程,既能优化资源配置,又能提高工程建设效益。

三、园林工程招标与投标活动中存在的问题

①近年来,随着经济的高速发展,人居环境的改善需求同样得到社会的认同,园林建设工程市场因而呈现生机勃勃的繁荣景象。有相当一部分人误认为园林建设工程低风险、易做、技术含量低、成本低、利润高,导致许多非专业人士通过拉关系、走后门开办园林公司,进入园林行业,采用恶意竞标,干扰园林市场。

②部分企业集团利益驱使,以"价低者得"干扰正常招投标。

有相当部分的政府部门、企事业单位,不按照政府或相关部门对园林绿地管理指标的规定保证绿地率;行政机关、事业单位推说没有直拨经费;企业、公司只顾眼前利益,对需配套的园林绿地建设缺少认同;为节约总体成本,尽量压减对环境绿化的投入和维护经费等;对园林建设工程的质量、效果重视程度较低。

③恶性竞争对园林建设工程市场秩序的影响园林绿化建设是环境保护与生态建设的重要内容,低价竞争导致施工质量低下的严重后果均会在若干年的环境影响中体现出来。因此,那些通过不择手段得到实施的园林绿化工程,建成后都会因功能、质量、效果达不到应有的要求而最终使建设单位和人民的利益受损。

目前,园林工程的恶性竞争主要表现有:

a. 以低价竞得园林工程转手给没有技术保障的无牌队伍施工,以捞取足够的施工业绩"办牌"给人挂靠,坐享不劳而获的挂靠费。

b. 部分即将倒闭的施工企业或苗场带着转嫁风险和捞一把的侥幸心理在竞标场上扰乱倾销。

c. 有实力却没有足够提升资质硬件而无法参加招投标的企业,为获取业绩而抱着"搏一回"的心态低价竞标。这种情况,在一些要求有一、二级资质才能参与工程投标的施工项目中表现尤为激烈。

园林建设工程市场的恶性竞争,直接导致工程材料(如苗木、土壤等)质量、施工(如偷工减料等)质量和养护(成品以次充优等)质量低下,这些低质工程一旦移交使用,就将代表地方政府对外展示城市形象。因此,低质工程对环境造成的恶性影响在若干年内是难以弥合的。园林建设工程市场的恶性竞争,对今天现代化建设实在是耗时伤财、影响大局的恶事,其结果会直接影响社会人文环境和投资环境。

四、规范园林工程市场的对策

①投标管理模式的改革。

②加强宣传招投标法律,提高全社会对招标投标的法律意识。

③抓紧修改、完善有关法律、法规和地方条文。

④大力发展招标代理中介服务机构。

⑤加强有形园林市场建设,增加招投标工作的透明度。

⑥招投标的行为急需规范。

⑦提高评标专家及监督管理人员队伍素质及水平。

⑧积极推出监理招标、重要设备招标、材料采购招标、设计招标等。

⑨积极探索推行科学的招标评标方法。

⑩积极与纪检监察部门密切配合,加强反腐败工作的力度。

五、园林工程投标文件的形式及编制

1. 投标文件的形式

①商务标、技术标、经济标(主要形式)。

②投标函、商务标、技术标(部分形式)。

2. 投标文件的编制

(1)商务标的内容

①投标函、对本项工程投标的函,包括投标报价及相关承诺。按招标文件规定的内容及格式填写。

②法定代表人授权委托书:按招标文件提供的内容及格式填写,附委托代理人身份证、职称证、学历证。

③法定代表人证明。附法人证书、法定代表人身份证、职称证、学历证。

④已完类似工程业绩标。根据本项工程的特点和招标文件提供的表格格式填写相关的业绩,附相关业绩的证明文件。

⑤企业资质证明文件。提供企业有关的资信证件扫描件。主要有营业执照副本、资质证副本、组织机构代码、税务登记证、取费证或规费证、安全文明施工许可证、银行资信等级、ISO9001质量认证、优质工程证、财务审计报告等。

⑥项目经理部组成人员。项目经理、技术负责人、各专业施工员、安全员、质量员、预算员、资料员、采购员、财会员等相关人员的名单、职称证、学历证、业绩资料及相关的证明文件。

(2)经济标

即投标报价,包括按招标文件格式要求提供的投标报价表,预算书等。投标报价要做到均衡报价并考虑企业的成本、利润和风险因素。

(3)技术标

根据本项工程的特点和施工现场的实际情况编制用于指导工程施工的技术性文件。其核心内容是如何科学合理地安排好劳动力、材料、设备、资金和施工方法这五个主要的施工因素。根据园林工程的特点和要求,以先进的、科学的施工方法与组织手段将人力和物力、时间和空间、技术与经济、计划和组织等诸多因素合理优化配置,从而保证施工任务依质量要求按时完成。

技术标的主要内容:

①研究本项工程的有利条件与不利条件以及对工程不利条件的应对措施。

②研究本项工程的重点与难点以及其对应的优化措施。

③对本项工程设计意图的理解并提出相应的调整方案。

④施工组织机构的设置及人员配备。

⑤施工进度表。

⑥机械设备的配备及进出场计划。

⑦施工材料的准备及进出场计划。

⑧劳动力的配备及劳动力计划表。

⑨主要工程项目的施工方案或施工技术要点包括施工顺序、施工准备、施工方法、重点施工环节的技术措施及误差修正。

⑩各种保证措施。质量保证措施；工期保证措施；冬雨季施工防范措施；夜间加班措施；安全文明施工措施；绿化与土建、土建与水电、水电与绿化的交叉施工相互影响的应对措施；施工单位与建设单位、施工单位与监理单位、施工单位与其他施工单位的协调配合措施。提高植物成活率、保证景观效果的绿化养护技术措施、环境保护措施等。

⑪新工艺、新技术、新材料的应用意见。

六、园林工程投标报价的策略

①看图算量报价。如果招标文件提供的工程量清单与设计图存在较大的偏差，要低报价。依靠低价中标。

②依据施工工艺的难易度报价。如果施工工艺难度较小，采取低价报价；如果施工工艺难度较大，要合理低价报价，依靠技术标获胜。

③依据施工现场的施工条件报价。如果施工场地的条件较好，（土壤条件、气候条件、水源条件、住宿条件、交通条件、场地条件、生活条件、材料条件等）施工能够顺利施工，采用合理低价报价。否则，采用高报价依靠施工组织设计（技术标）取胜。

④依据设计图纸的完整性、合理性报价。如果施工图纸不全或存在大量的错误，采用低报价。否则，采用合理低价报价。

⑤依据招标文件的条件报价。如果招标文件要求的工期较长，质量要求高，工程存在变化的可能性较大，工程施工的管理费较大，要合理低价报价；如果招标文件要求的工期短，质量要求合格，工程存在的变化的可能性较小，要低价报价；如果工期短，质量高，工程的变化可能性较小，要高报价。

⑥依据招标文件提供的合同条款报价。如果合同约定的工程款的支付情况好，要低报价，如果要求垫支工程款的比例大，工程款的支付额度较小，要高报价。

⑦依据施工材料采购的难易程度和植物材料成活率情况报价。如果植物材料较普遍，很容易在苗圃中采购到，植物栽植后成活率较高，可以采取合理低价报价。否则采取高报价。

⑧根据工程施工的季节与绿化材料的年度波动价格情况报价。一般情况，冬季及春节前施工，香化植物、色带植物及草坪的价格较高；春季施工，大乔木树的价格较高，夏季施工，小乔木的价格较高；秋季施工，彩叶植物的价格较高，在投标报价时，根据施工的季节和使用的绿化主体材料的价格波动情况进行合理报价。

⑨根据工程项目的主体性质报价。国资项目（公园、游园、广场）、市政公用项目（高速公路、道路）要偏高报价，因其要求质量高、绿化破坏率高、养护成本高；事业、企业单位绿化、小区绿化要偏低报价。

⑩根据工程项目绿化、景观建筑、水电安装所占的比例报价。绿化比例多，施工难度小，要低报价；景观建筑的比例多，施工难度小但工艺要求高，要高报价；水电比例多，要合理低价报价，因为其定额有较大的利润空间，材料的价格波动较大。

七、防止废标的方法

①标书的装订和密封按招标文件要求。

②标书的格式如字体、字号、行间距、段落值、表格的形式等按招标文件要求。

③标书的签字和盖章招标文件要求。

④提供的附件材料或证明文件要齐全。

⑤预算文件措施费中文明施工费、安全施工费、临时设施费的取费标准按省市建设行政主管部门颁发的文件执行,不得改动。

⑥录入的工程量清单的编码与招标文件保持一致。

⑦工程项目的名称、工程量一定与招标文件的名称和工程量保持一致。

⑧录入的工作内容、项目特征与招标文件一致。

⑨实际工程量与定额单位要进行转换。

⑩对清单项目的计价以现行消耗量定额为计算基价时,要注意定额的内容与设计要求相符合,计价标准基本上接近企业的施工定额。如果有太大的差异,要进行系数换算。

⑪计价材料的调价按建设行政主管部门发布的信息价。

⑫要记住添加未计价材料,未计价材料调价要做到均衡报价,不可以低于成本价报价。特别注意未计价材料的报价单位要与招标文件要求一致。

⑬预算文件的打印报表格式与招标文件要求一致。

⑭技术标中进度计划、材料进出场计划、机械设备进出场计划、劳动力计划相互协调,要周密。

⑮技术标中的技术指标要正确。不能出现错误或重大偏差。

⑯技术标中的施工技术措施要科学合理,安排恰当。

参 考 文 献

[1] 中华人民共和国住房和城乡建设部．GB 50500—2013　建设工程工程量清单计价规范[S]．北京：中国计划出版社，2013.

[2] 中华人民共和国住房和城乡建设部，中华人民共和国国家质量监督检验检疫总局．GB 50858—2013　园林工程工程量计算规范[S]．中国计划出版社，2013.

[3] 建设部标准定额研究所．《建设工程工程量清单计价规范》宣贯辅导教材[M]．北京：中国计划出版社，2003.

[4] 中华人民共和国建设部．GB/T 50353—2005　建筑工程建筑面积计算规范[S]．北京：中国计算出版社，2005.

[5] 中华人民共和国建设部标准定额司．GJD—101—95　全国统一建筑工程基础定额[S]．北京：中国计划出版社，1995.

[6] 中华人民共和国建设部．GYD—901—2002　全国统一建筑装饰装修工程消耗量定额[S]．北京：中国建筑工业出版社，2002.

[7] 中华人民共和国建设部．GYDG2—201—2000　全国统一安装工程预算工程量计算规则[S]．2 版．北京：中国计划出版社，2001.

[8] 黑龙江省住房和城乡建设厅．黑龙江省建设工程计价依据[M]．哈尔滨：哈尔滨出版社，2010.

[9] 董三孝．园林工程概预算与施工组织管理[M]．北京：中国林业出版社，2003.

[10] 王艳玉．建筑工程造价[M]．哈尔滨：哈尔滨工程大学出版社，2007.